轻科普系列

探索身边的大自然

郊外
常见动物图鉴

[日] 一日一种 著　[日] 五箇公一 主编

潘郁灵　王嘉悦 译

啪嗒 啪嗒

CTS 湖南少年儿童出版社·长沙
HUNAN JUVENILE & CHILDREN'S PUBLISHING HOUSE

本书的阅读方法

动物名称

小贴士

介绍与该动物相似的伙伴，并不是所有动物介绍中都会标注。

动物笔记

该动物的分类、中国分布（个别未标注）、大小（体长、全长、前翅长等）、主要栖息地、习性等相关信息。数据仅供参考。

短翅树莺

引吭高歌

喉咙
啼叫时会鼓得大大的。

羽色
背部呈茶褐色。

总被错认成短翅树莺的鸟

暗绿绣眼鸟
分类：绣眼鸟科
全长：约12厘米
其他信息：短翅树莺和暗绿绣眼鸟都是外貌冗见的鸟类，人们经常把它们搞混。

短翅树莺的好伙伴

稻禾树莺
全长：约10厘米
其他信息：尾羽较短，会发出像虫子一样的叫声。

动物笔记
分类：鸟纲雀形目树莺科　全长：14～16厘米
中国分布：江西、湖南、湖北、江苏等地　主要栖息地：灌木林、矮竹丛等
习性：短翅树莺的啼叫声清脆悦耳，它们一年四季都生活在郊外，鸟鸣啁啾，让人如沐春风。

去找短翅树莺吧！

● 短翅树莺喜欢栖在灌木丛里，平时极难看到，它们只有在引吭高歌的时候才会画到比较显眼的地方。但即便如此，这些圆胖的小家伙也不会飞到太高的地方去。

● 短翅树莺的求偶鸣叫声以柔婉的高音与同性竞争时显是威风的鸣叫，甚至还有"方言"呢，非常深藏难懂。

短翅树莺的日常鸣叫声（除了求偶鸣叫之外的声音）极富变化。

找一找

矮竹密集草丛中经常可以听到它们的叫声。

唧唧 唧唧

高调啁啾威吓同类！
▲这是警告敌人的叫声。

北红尾鸲

治愈小天使

雄性。

头部
眼部四周到喉咙的毛色是黑色的。

脚部到腹部为亮橙色，这是在冬天也能让人觉得温暖的颜色。

白色花纹
北红尾鸲的翅膀上有白色花纹，所以又被称为"穿礼服的鸟"。

观鸟者通常会亲昵地将雄性北红尾鸲称为"北红小弟"，雌性则被称为"北红小妹"。

动物笔记
分类：鸟纲雀形目鹟科　全长：约14厘米
中国分布：大部分地区
主要栖息地：房屋四周、树边等
习性：北红尾鸲不害怕人类，在房屋附近的建筑物、树木间筑巢上时常能发现它们。

"咔，咔，咔，咔"的叫声与敲击火石的声音十分相似。

去找北红尾鸲吧！

● 每年到来的时候你会在房屋附近听到了"咔，咔，咔，咔"的叫声，你可以从水平视线到较高度的范围内仔细寻找，或许就能发现北红尾鸲。

● 如果在自己的地盘上发现另一面镜子时，北红尾鸲可能会和"镜子里的敌人"打上一架。

鞠躬

▲ 在冬季，北红尾鸲的领地意识特别强烈。

它总是一边叩头鞠躬一边做各种各样的动作好像在向你行礼。这个动作很能吸引人的视线。

找一找

观察须知

寻找该动物的秘诀，包括在哪里能看到它们、能看到怎样的姿态等。

🔍 **野外踪迹** 粪便、食痕、脚印等能够证明该动物存在的痕迹。

🔍 **比一比** 对比该动物的雄性和雌性，以及相似的伙伴。

🔍 **找一找** 通过图片介绍寻找该动物的方法。

目　录

第一章

郊外是哪儿？

人与自然的交叉点 "郊外" 是哪儿？

　　本书中所说的郊外多位于深山与城市的交界地带，是指经过人类长期良性干预后形成的自然景观，地形多种多样。在本书中，郊外既包含自然环境，也包含村庄、农田等广义的次生环境。

　　自古以来，生活在这里的人们依靠郊外的自然资源来维持生活。他们会把树木做成燃料、收集落叶做堆肥、用原木栽培蘑菇，还会打猎、采摘野果和野菜……

　　当然，人们不会一味索取郊外的自然资源，而是在利用资源的同时，通过适当的干预来实现人与自然的可持续发展。比如，为了让森林里的树木充分享受阳光，人们会砍掉长得过于粗壮的树木，清除因过度生长而覆盖森林地表的细竹，有时也会采用在可控制的范围内放火开荒等方式来维持郊外的生态稳定，以此来创造人与自然和谐共处的生态环境。

深山：人类难以生存的高海拔山地。基本上无法在这里获取自然资源。

郊外：人类可以在这里生活，并发展农业和林业，对这里的自然环境进行合理开发。

城市：大量人类居住、工商业发达的区域。未开发的自然环境较少。

郊外生活着许许多多有趣的动物！

郊外有各种各样的环境，比如杂树林、稻田、池塘、草地等。这也意味着我们可以在这些环境中看到不同种类的动物。只要仔细观察，你就会发现每个物种的生活方式都蕴含着特殊的缘由，观察它们能获得的快乐可丝毫不会比欣赏电视上播放的少见动物获得的快乐少哦。

在本书中，我们挑选了一些具有代表性的郊外动物，并介绍了如何寻找它们，以及如何享受观察它们的乐趣。

出发去郊外吧！

郊外的魅力在于：离我们居住的城市很近，这意味着你可以随时去那里探索。你既不需要专业的重型登山装备，也不需要花费游乐园的门票钱。有研究表明，杂树林中的树木释放的"植物杀菌素"有助于安抚心灵，缓解压力。此外，郊外常见动物的种类会随着季节的变化而变化，无论探索几次也不会厌倦。郊外不仅能满足我们的求知欲，还可以培养我们深入观察事物的能力。

怎么样，郊外探索是不是益处多多呀？总而言之，在大自然中寻找并观察动物，无论对孩子还是对大人来说，都是一件很有趣的事情。

那就让我们一起出发，到郊外去寻找动物吧！

郊外食物链 被捕食→捕食

鱼类

鹭

蛇

蛙类

昆虫类

貉等中型哺乳动物

鹰、猫头鹰等猛禽

松鼠、鼯鼠等中小型哺乳动物

果实、树叶

中小型鸟类

昆虫类

动物的尸体、粪便

土壤动物、蕈（xùn）类①、微生物等"分解者"

① 正文中的生僻字均在首次出现时注音。

5

郊外环境

郊外环境丰富多样，你都可以去探索。

郊外环境举例

杂树林

一片种植着枹（bāo）栎（lì）、麻栎和松树的森林。这些树木可以用来做柴火和木炭。地面上，紫花地丁、龙胆和兰花等美丽的花朵在阳光中盛开。

稻田

种植水稻的地方，也是水生动物的重要栖息地之一。在这里，我们还能找到蛙、蛇、鱼和水生昆虫的栖息地，还可以看到主要出现在草地上的昆虫和小花。

池塘和水渠

储水的地方，用来灌溉和防灾，也是水生动物的重要栖息地之一。在这里，我们可以看到与稻田中略有不同的动物。

休耕地、弃耕地

暂停或停止种植的稻田。它们的状态不一，有些变得像湿地一样，有些则成了一片荒地。陆生动物慢慢增加，水生动物却在减少，这里往往会成为外来物种入侵的登陆地。

村落

这里生活着壁虎、蝙蝠、麻雀、燕子和其他寄居在人类房屋中的动物，偶尔还能发现鼩鼱和猫头鹰。

田地、果园

这里生活着以农作物为食的昆虫和鸟类。它们不一定是有害的，反而能传播花粉、预防虫害。

去郊外探索吧！

● **去郊外探索需要准备什么？**

郊外离城市很近，交通也很方便，去郊外就像是去"散散步"一样，所以我们不用准备任何特殊的登山装备。不过，郊外毕竟环境复杂，存在各种各样的动物和植物，我们仍然要注意安全。

着装和装备

● **在郊外活动的基本着装**

一项有帽檐的帽子

它不仅能预防中暑，还能保护我们的头部免遭昆虫（尤其是蜜蜂）叮咬。浅色的帽子效果更好。

一个方便携带的帆布背包

为了安全起见，尽量保持双手可以自由活动。

不穿露出大片皮肤的衣服

防止漆树过敏和昆虫叮咬。

一双合脚的鞋子

不一定要穿登山鞋，可以穿平时常穿的运动鞋。

● **建议携带的物品**

- **饮用水**：不要等到口渴才喝水，夏天多喝水可以预防中暑。
- **袋子**：肩袋或腰袋能让我们更快地取出图鉴和饮用水。
- **相机**：动、植物在大自然中的状态是最美丽的，一定要在自然环境下拍摄它们的外貌和行为。你可以从不同的角度拍摄不同的部位，回家后参考照片来搜索动、植物的学名。
- **望远镜**：如果你想观察野生鸟类，那就准备一个8倍望远镜吧。
- **观察盒**：观察小动物群体时，为了能看得更仔细，你可以把其中一只暂时放在观察盒里。记住，观察结束后要让它回到大自然。
- **对自然的敬畏之心**：尽量不要捕捉动物或采摘植物，在观察时也不要打扰它们的正常生活。

▲ 饮用水　　▲ 袋子　　▲ 相机

▲ 望远镜　　▲ 观察盒

如何成为"动物探测器"

如果你只是在郊外随意地欣赏风景，是很难发现动物的。因为，人类观察世界靠的其实不是眼睛，而是大脑。

若观察时不思考，则会视而不见，听而不闻。

寻找郊外动物时，不要依赖"意外发现"，而是要带着"这里可能会有动物"的好奇心，这就是找到动物的诀窍。

就算有极佳的视力和听力，也不一定能有发现。只有拥有丰富的知识和经验，并善于思考和寻找，才能发现更多动物。

享受观察的乐趣

发现一种动物后，你可以使用图鉴等资料查找它的名字或拍下它的照片后回家查找。当然，找到名字不是我们的目的，而是开端。知道动物的名字后，当你再次发现同类动物时，就能逐渐了解它的生活方式，以及它与其他动物的不同之处。这样的行为就好比我们在头脑里装了一个贴着"某某物种"标签的抽屉，这个抽屉会被越来越多的信息填满，这时你对观察的兴趣就渐渐增加了。

在交到新朋友的时候，你一定会先记住对方的名字，观察动物也是如此。在一个陌生的地方发现自己认识的动物时，你会生出一种"老友重逢"的喜悦之情。对动物朋友了解得越多，你就会越喜欢它们。

注意安全，预防意外

● **当心脚下！**

　　一般来说，郊外的环境不如深山危险，但也要注意不能站在松动的石头上，也不要在林间随意走小路，这可能会导致摔倒或坠落。尤其是在我们边走边找动物的时候，往往会忽视自己脚下的情况。

● **小心中暑**

　　户外活动尤其要小心中暑。夏天一定要戴上帽子、多喝水，不要等到口渴才补充水分。如果你感到头痛或轻度头晕，就说明可能出现了中暑症状，应当立即转移到阴凉处，补充水分并好好休息。

● **危险的动、植物**

　　在寻找的过程中，你随时都有可能遇到危险的动、植物，比如金环胡蜂和蝮蛇。虽然它们体现了大自然的丰富多彩，但我们要小心它们的攻击。

　　以下是郊外遇到危险动、植物时的应对措施，请仔细阅读，如有意外发生，也可以参考以下内容来急救。

● **急救用品**

　　尽量随身携带。

· **药膏**

　　含有类固醇的药膏可以有效减轻炎症，但要谨慎使用，以免产生副作用。

· **毒素吸除器**

　　可以用来吸出被蛇咬伤或被蜜蜂蜇伤后留在体内的毒素。

· **驱虫喷雾**

　　可以驱逐蚂蟥、蚊子、马蝇、沙蚊等。

· **其他**

　　一般情况下，野生动物都怕人，听到异响会被吓跑。如果你去的地方物种丰富，甚至有熊的话，建议再带上一个驱熊铃。

▲ 药膏

▲ 毒素吸除器

▲ 驱虫喷雾

危险动、植物档案 1 茶毒蛾

- 附着在山茶树、茶梅树上的毒毛虫。
- 从虫卵到成虫都长着毒毛，**幼虫尤其危险**。
- **抓挠患处会导致毒素扩散。**
- 毒毛可以**用流动的清水冲洗**或**用透明胶带粘除**。

注意 毒毛会被风吹起，不要靠近。

危险动、植物档案 2 刺蛾类

- 附着在樱花树、梅花树及其他各种行道树、庭院树上的毒毛虫。
- 丽绿刺蛾就生活在我们身边。
- 触摸刺蛾类毒毛虫时会**感到触电般的剧痛**。
- 经常藏在树叶内侧，如果**不慎触碰容易发生意外**。
- 可以参考**茶毒蛾的急救措施**进行处理。

危险动、植物档案 3 毛深雀蜂

- 会在房屋附近筑巢。
- **攻击性较强。**
- 体内毒素易溶于水，所以**被叮咬后最好用流动的清水冲洗伤处，挤出毒素，然后冷敷消肿。**

在屋檐下、地板下、墙壁的缝隙等地方筑巢。全身呈深黄色。

危险动、植物档案 4 金环胡蜂

- 在**夏末秋初时**巢穴较大，**需要特别注意**。
- 不要**穿黑色衣服，也不要喷香水或使用发胶、定型水**，这是预防胡蜂的通用法则。
- 如果不慎被蜇，请用**流动的清水冲洗**伤处。采取应急措施之后，**应立即前往医院就诊**。被蜇伤后如果**出现过敏性休克，应马上呼叫救护车**。
- 巢穴总是在地下或树洞里，人们可能在不知不觉间惊扰它们。

工蜂约有成年人大拇指的大小。

危险动、植物档案　5　毒葛

- 最容易引发皮肤炎症的漆树品种。
- 上下坡的时候，为了稳定身体我们会抓住树枝，这时就可能不小心触碰到缠绕着树干的毒葛。
- 如果不慎触碰，请用清水洗净双手，并涂抹外用类固醇药膏。如果用触碰过毒葛的手摸自己的脸，症状就会扩散到面部。

叶子为三片一组。

小树的叶子呈锯齿状。

危险动、植物档案　6　蝮蛇

身上的钱币形图案是它的特征。

- 经常躲在草丛中或岩石后面。
- 擅长伏击，会在人们路过时突然发动袭击。
- 毒性很强，如果不幸被咬，要马上去医院。

危险动、植物档案　7　扁虱

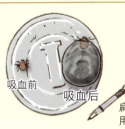

- 也称蜱（pí）虫，广泛分布于中国各地。
- 在生活着大量野生动物（如鹿）的地区很常见。
- 如果不幸被咬，切勿强行把它清除。因为它的口器（用来吸食和感觉的器官）会留在皮肤上，增加感染的风险。

吸血前

吸血后

扁虱专用镊子，用它来清除扁虱更方便安全。

危险动、植物档案　8　红螯（áo）蛛

- 喜欢在河边用芒草制作粽子状的巢穴。
- 若是有人因好奇而打开巢穴，就很可能被蜇伤。
- 如果被蜇伤，可以涂抹外用类固醇药膏。如果肿胀严重，则冷敷。

注意　巢穴里有雌性红螯蛛。

观察动物的时候要温柔细心

当我们全神贯注地观察某种动物时可能会为了拍照而过于靠近，或者在不知不觉中踩伤小花小草。在动物看来，人类是可怕的"庞然大物"，因此我们在观察时一定要多加注意。

● 不要踏入私人用地

稻田是观赏花草和昆虫的好地方，但未经许可不得进入私人用地，请在外围观赏。

即使在山中，也有很多长着野菜或蘑菇的私人用地。因此，在山中要尽量沿着铺好的路走，并留意各种标志，避免造成不必要的麻烦。

在自然公园，我们可以更自由地观察各种各样的动物，但依然要遵守园区规章，避开禁止进入的区域。

第二章

田舍周围的动物

田地 / 果园 / 原野 / 公园

昆虫

蚱蜢、螳螂、蝉的幼虫等，各种各样。

它们很爱吃。

蚯蚓

柿子

会爬树，但不是很擅长。

貉是郊外具有代表性的杂食性哺乳动物，它们以郊外的各种动植物为食。

晚上好！

噢，这儿还有别的貉呢。

吧唧 吧唧 吧唧

我们再去看看还有什么动物吧。

去别的地方看看！

浣熊（外来物种）

怎么了？

我认错「貉」了……

田舍周围动物分布图

照着图找找看吧！

分布图上描绘了各种季节可能出现的动物。

附近的树林

白颊鼯鼠和猫头鹰

建筑物地板的下方

貉

蚁狮

石块围墙缝隙

蓝尾石龙子

菜粉蝶

鼹鼠洞

牛头伯劳

果园

柑橘凤蝶

暗绿绣眼鸟

山茶、杜鹃花等矮树丛的篱笆

家燕

大嘴乌鸦

屋檐下 多疣（yóu）壁虎

家燕窝

柿子树

田地

栗耳短脚鹎（bēi）、灰椋（liáng）鸟、暗绿绣眼鸟等各种野生鸟类

雨蛙

麻雀

东亚伏翼

北红尾鸲（qú）

房屋的缝隙

灰椋鸟

深受喜爱的动物

貉

面部
眼睛周围呈黑色。

生活在城市里的貉常以排水沟为家，它们也会在排水沟形成的"道路"中肆意奔跑。

尾巴
尾巴上没有条纹（浣熊的尾巴上有条纹）。

四肢
四肢呈黑色。

动物笔记
分类：哺乳纲食肉目犬科
体长：50～60厘米
中国分布：黑龙江、辽宁、河北、江苏、云南、湖南、四川、上海等地
主要栖息地：河边、杂树林等
习性：从山地到城市绿地，随处可见它们的身影。它们是杂食性动物，腿短且不擅长捕猎，但从不挑食。蚯蚓等小动物和树上的果实都是它们的食物。

禁止通行

寻寻觅觅

貉的捕猎能力远不如狐狸强，它们一般在地面搜寻食物，是从不挑食的"好孩子"。

偶尔还会发现只顾低头觅食，不看前路的貉……

去找貉吧！

🐾貉是一种**胆小的夜行性动物**，所以我们很难遇见它们。不过我们可以在白天去郊外寻找它们留下的痕迹。

🐾如果在貉路过的地方发现**粪堆**，可以观察一下，猜猜它们都吃过什么。

貉的粪堆

找一找！

◀这里就像貉的"公共厕所"。貉喜欢吃果实，所以它们的粪堆里偶尔会出现发芽的植物。这么说来，貉也可以算是植物的"种子快递员"了。

前爪与足迹

▲貉的前爪各有5趾，但有1趾不会接触地面。这一点和狗相似，所以两者的脚印很难区分。

猫的足迹

▲猫走路的时候不会伸出爪子。

飞天"坐垫"！

白颊鼯鼠

皮膜

白颊鼯鼠就像一块在空中飞的坐垫，日本小鼯鼠则像一条在空中飞的手帕。

松鼠科动物有时会把自己的长尾巴当作雨伞使用。

软骨

胳膊处长有能把飞膜撑开的软骨。

又粗又长的尾巴

白颊鼯鼠的尾巴可以用来保持它们飞行时和在树上站立时的平衡。

动物笔记

分类：哺乳纲啮齿目松鼠科
体长：30～50厘米
中国分布：广泛分布于各地　**主要栖息地**：杂树林、人造林地等
习性：白颊鼯鼠是松鼠家族的成员，能够在树与树之间滑翔。它们是杂食性动物，以树叶、果实和昆虫等为食。白颊鼯鼠深受生活在树洞里的其他动物喜爱，因为它们喜欢把树洞刨得比较大，方便其他动物居住。

去找白颊鼯鼠吧！

❀ 白颊鼯鼠是**夜行性动物**，所以在白天通常是看不到的，我们只能通过野外踪迹来寻找。你可以找一找**树洞**或是被刮伤的**树根处**有没有它们的粪便。

❀ 把红色玻璃纸覆盖在手电筒的发光处（为了不惊扰动物），再往树洞里照射，你就能轻松发现它们**反光的眼睛**。

❀ 日落后和日出前是它们最活跃的时间段，这时能听到它们"**咕噜噜噜噜**"的叫声。

把树洞当作**巢穴**和**养育孩子**的场所。

找一找！

粪便

◀ 圆滚滚的粪便。

咬痕

◀ 白颊鼯鼠喜欢把树叶对折后再啃食，所以树叶上会有对称的缺口。

地下生活专家

鼹鼠

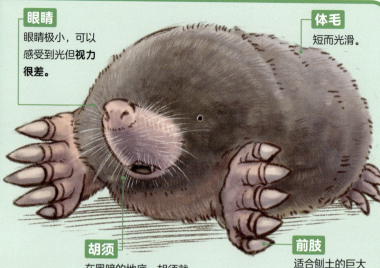

眼睛
眼睛极小，可以感受到光但**视力很差**。

体毛
短而光滑。

胡须
在黑暗的地底，胡须就是它们的**传感器**。

前肢
适合刨土的巨大前肢和爪子。

传说鼹鼠会破坏庄稼，其实它们是不吃蔬菜的**肉食性动物**。真正的罪魁祸首是老鼠——它们会利用鼹鼠挖的隧道偷吃庄稼。

石蒜：为了驱除鼹鼠，人们常常在田埂上种植石蒜，据说并没有什么效果。

动物笔记

分类：哺乳纲鼩形目鼹科　**体长**：12～15厘米
中国分布：广泛分布于各地　**主要栖息地**：公园、农田、杂树林等
习性：鼹鼠是一种城市十分常见的哺乳动物，也是纯肉食动物，它们以土壤中的蚯蚓和昆虫为食。

去找鼹鼠吧！

🐾它们总是安静地待在洞中，**很少钻出地面**。

🐾偶尔能在**大雨过后**的地面上看到它们。

鼹鼠洞

找一找!

◀鼹鼠会把刨出的土堆到地面上。鼹鼠的领地意识很强，如果你在地面上看到了很多个小土堆，它们可能都是同一只鼹鼠刨出来的。

离我们很近的野生哺乳动物

东亚伏翼

耳朵
耳朵很大，能听到反射回来的**超声波**。

后肢
膝关节朝后，看起来很像**螃蟹腿**。

飞膜
飞膜上分布着血管和神经，即使被轻微撕裂也可以复原。东亚伏翼的尾巴和后肢之间也有飞膜，飞膜可以帮助它们在飞行时把握方向和及时"刹车"。

回声定位

飞蛾通过之字形飞行或者用身上的磷粉吸收声波来躲避蝙蝠。

小型蝙蝠的视力很差，但它们可以从嘴里发出超声波，并通过反射回来的超声波来识别食物和障碍物。

马铁菊头蝠

普通长耳蝠

狐蝠

中国有 900 多种蝙蝠。它们有各种各样的面孔，十分有趣。

动物笔记

分类：哺乳纲翼手目蝙蝠科　**体长**：4~6厘米
中国分布：广泛分布于各地　**主要栖息地**：房屋四周、水边等
习性：东亚伏翼是离我们很近的野生哺乳动物，甚至在房屋四周就能发现。它们利用超声波寻找并吃掉聚集在路灯周围的飞蛾和水边的昆虫。东亚伏翼是夜行性动物，白天蜷缩在屋顶内侧或房屋的缝隙中睡觉。

去找东亚伏翼吧！

日落时开始活跃。经常可以在水边或路灯附近发现它们。

找一找！

▲ 白天，它们经常睡在建筑物的缝隙里。

◀ 东亚伏翼经常出现在飞蛾聚集的路灯周围。

与人类关系微妙

麻雀

面部
眼睛四周、喙、喉咙和脸颊都是黑色的。

羽色
背部和翅膀上有**黑色花纹**。

天气转冷后，麻雀会把自己的羽毛鼓作一团，像个一动不动的**绒球**。

麻雀是一种奇怪的鸟，明明对人类怀有戒备之心，却**不想远离人类**。麻雀经常在**建筑物的缝隙中**栖息或筑巢，而在深山中完全看不到它们的踪影。

动物笔记

分类： 鸟纲雀形目雀科
全长： 14~15厘米
中国分布： 广泛分布于各地
主要栖息地： 房屋四周、耕地等
习性： 麻雀是一种杂食性动物，尤其喜欢吃种子。它们会吃水稻，也会吃害虫。虽然麻雀是无人不晓的常见物种，但近几十年来它们的数量也大量减少。

啪嗒，啪嗒

麻雀喜欢在沙堆里洗澡。它们会在沙堆上挖一个浅浅的小坑，就像浴缸一样，然后在里面享受沙浴。据说沙浴能有效驱除麻雀身上的寄生虫。

去找麻雀吧！

🐾 麻雀不会生活在杂树林里，去**房屋或耕地附近**找找看吧。

🐾 麻雀是一种很常见的鸟类，记住麻雀的特点后，你就可以用它来比较其他鸟类的大小了。

找一找！

头部白化的麻雀

◀ 因为麻雀的数量较多，所以变异个体也很常见。

▲ 它们会在建筑物的哪些地方筑巢呢？你可以远远地观察一下。

大自然的清洁工

大嘴乌鸦

前额
微微突出。

喙
粗大且微微弯曲。

大嘴乌鸦喜欢**油腻**的东西，有时还会**把肥皂和蜡烛叼走**。

除了大嘴乌鸦，小嘴乌鸦也是郊外常见的一种乌鸦。不过比起大嘴乌鸦，小嘴乌鸦更喜欢待在河滩、耕地等开阔的地方。

前额并不突出

叫声嘶哑

鸟喙较细

羽色
羽毛上泛着**蓝紫色的光泽**，所以不能算通体乌黑。

动物笔记

分类：鸟纲雀形目鸦科
全长：56～57厘米
中国分布：广泛分布于各地　**主要栖息地**：房屋四周、耕地、树林等
习性：大嘴乌鸦是我们身边最常见的一种乌鸦，从城市到深山都能看到它们的身影。大嘴乌鸦是杂食性动物，还会吃动物尸体，所以它们在生态系统中扮演着清洁工的角色。

去找大嘴乌鸦吧！

❀ 你说不定能看到它们在闲暇时玩耍的样子：比如倒挂在电线上，或者在风中"冲浪"。

❀ 一旦出现苍鹰或其他猛禽，大嘴乌鸦就会习惯性地上前挑衅。所以在突然听到大嘴乌鸦的嘶叫声时循声望去，也许就能发现一只猛禽。

▲大嘴乌鸦喜欢收集人类的物品，常去偷衣架来当筑巢材料。

找一找！

堆满衣架的鸟巢

◀对大嘴乌鸦来说，衣架既坚固又好用。

外表傻乎乎，内心很坚强

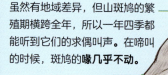

山斑鸠

虽然有地域差异，但山斑鸠的繁殖期横跨全年，所以一年四季都能听到它们的求偶叫声。在啼叫的时候，斑鸠的喙几乎不动。

咕咕、咕咕——咕咕！

后颈上的横纹。

翅膀上的羽毛花纹呈鳞片状，非常美丽。

动物笔记

分类：鸟纲鸽形目鸠鸽科
全长：33～35厘米
中国分布：广泛分布于各地
主要栖息地：公园、杂树林、草地、田地等
习性：山斑鸠经常用喙不停地啄地，这是在寻找植物的果实或种子。山斑鸠总给人一种随遇而安、与世无争的感觉，但事实上并非如此。它们其实是生存高手，依靠鸽乳的营养全年无休地哺育后代，而且飞行技术高超。

抖动

好饿呀！我要喝奶！

鸽乳是山斑鸠在哺育期从嗉囊分泌出来的"奶"。有了它，山斑鸠一年四季都可以繁殖。

原鸽

全长：33～35厘米
其他信息：原鸽是城市中随处可见的一种鸽子。山斑鸠一般成对或单独活动，而原鸽更喜欢成群活动。

去找山斑鸠吧！

🌿 听到山斑鸠的叫声后，仔细看看树上、电线杆上、屋顶等地方，就有可能发现它们啦。

🌿 山斑鸠在地面上的时候，可以听到它们踩在落叶上发出的"咯吱，咯吱"的声音，或者是啄落叶觅食的声音。

找一找

巢

▲鸠鸽科鸟类的巢很杂乱，幼鸟经常不慎从巢里掉出去。

在人类的庇护下养育孩子

家燕

雄性的喉咙处有一大片红色的区域。研究表明，这片区域的红色越鲜艳，雄性就越受异性喜爱。

面部
额头和喉咙处呈红色。

尾羽
外侧非常长。

爪
爪子短，不擅长在陆地上走动。

动物笔记

分类：鸟纲雀形目燕科
全长：约17厘米
中国分布：北京、西藏、新疆、黑龙江、山东、贵州等地
主要栖息地：房屋四周、耕地等
习性：家燕一般在农家或是高楼的屋檐下筑巢，到了秋天就成群结队地飞往芦苇地中筑巢，到了冬天就飞往南方过冬。

家燕无论是捕食还是喝水都在飞行中进行，只有收集筑巢材料时才会来到地面上。

去找家燕吧！

❀ 春夏时节，自由飞翔的家燕时常出现在郊外的村落上空。

❀ 我们可以在插秧前的稻田里看到家燕收集筑巢材料的情景。如果一边跟着成年家燕一边观察，就很容易发现它们的巢。

正在养育孩子的家燕

找一找！

▲ 利用各种各样的建筑物筑巢。

◀ 给离巢的幼崽喂食时也保持着飞行状态。

防雨窗套里的寄居者

啾噜噜

喙和爪均为橙色。

雄性灰椋鸟的头部泛着黑色。

叫声很特殊……

灰椋鸟喜欢在**糙叶树的树洞里筑巢**，这也许是因为它们喜欢吃糙叶树的果实。不过在城市里，灰椋鸟通常在建筑物的缝隙中筑巢。

灰椋鸟

动物笔记

分类：鸟纲雀形目椋鸟科
全长：约 24 厘米
中国分布：大部分地区
主要栖息地：田地、草地、公园等
习性：在开阔的草地上经常可以看到它们成群结队在地面上寻找果实和种子的场景。秋冬时分，有时还可以看到大群灰椋鸟停在电线或行道树上休息。

　　一般来说，自然观察的初学者在了解麻雀、鸽子和乌鸦之后，下一个要记住的就是这种鸟。这 4 种常见鸟类可以作为区分其他鸟类的标准。

麻雀

约 14 厘米

灰椋鸟

约 24 厘米

山斑鸠

约 33 厘米

大嘴乌鸦

约 57 厘米

去找灰椋鸟吧！

* 它们经常成群结队地飞行，嘴里还会发出"啾噜噜"的叫声；有时也会在草地和耕地里踱步寻找食物。

* 空屋的防雨窗套缝隙是灰椋鸟绝佳的筑巢场所。如果在防雨窗套附近发现筑巢材料或鸟粪，那就说明这里很可能已经被灰椋鸟"征用"了。

找一找！

灰椋鸟

► 在防雨窗套附近育雏的灰椋鸟，它的嘴里叼满了食物。

远东山雀

领带状的花纹是独特的标志

它们会在邮筒或排水口等设施上筑巢。

胸前的黑色领带花纹极具特色。

动物笔记

分类：鸟纲雀形目山雀科

全长：约15厘米

中国分布：除西北以外的大部分地区

主要栖息地：杂树林、公园等

习性：远东山雀是日常生活中常见的小鸟之一，会充分利用树洞筑巢。它们似乎不怕人类，也会在城市街道、郊外等地的建筑物上筑巢。

山雀有很多长相相似的品种，可以按照"穿搭"来区分它们。

远东山雀	褐头山雀	煤山雀	杂色山雀
黑色领带	贝雷帽	围脖	茶色背心

它们的生活环境各有不同，例如褐头山雀喜欢海拔高的地方，煤山雀则喜欢住在针叶林里。

去找远东山雀吧！

❀ 它们总是一边啼叫一边不慌不忙地在树枝上踱来踱去，平时的叫声是"叽、叽"，警戒时的叫声是"啾咕、啾咕"。

❀ 入冬后，远东山雀会与褐头山雀、暗绿绣眼鸟、银喉长尾山雀或其他山雀群居。树叶凋零，更容易发现它们的踪迹。

雄性远东山雀和雌性远东山雀

找一找！

◀ 图中，右边的是雄性，左边的是雌性。雄性的领带花纹较宽，雌性的较窄。

短翅树莺

喉咙
啼叫时会鼓得**大大的。**

羽色
背部呈茶褐色。

总被错认成短翅树莺的鸟

暗绿绣眼鸟
分类：绣眼鸟科
全长：约 12 厘米
其他信息：短翅树莺和暗绿绣眼鸟都是郊外常见的鸟类，人们经常把它们搞混。

短翅树莺的好伙伴

鳞头树莺

叽叽叽叽

全长：约 10 厘米
其他信息：尾羽很短，会发出像虫子一样的叫声。

动物笔记

分类：鸟纲雀形目树莺科　　**全长**：14～16厘米
中国分布：江西、湖南、湖北、江苏等地　　**主要栖息地**：灌木林、矮竹丛等
习性：短翅树莺的啼叫声清脆悦耳，它们一年四季都生活在郊外，鸟鸣啁啾，让人如沐春风。

去找短翅树莺吧！

❁短翅树莺喜欢躲在灌木丛里，平时很难看到，它们只有在引吭高歌的时候才会跑到**比较显眼的地方**。但即使如此，这些腼腆的小家伙也不会飞到太高的地方去。

❁短翅树莺的求偶鸣叫声分为求爱时温柔婉转的**高音**和与同性竞争时彰显威风的**低鸣**，甚至还有"**方言**"呢，非常深奥难懂。

短翅树莺的日常鸣叫声（除了求偶鸣叫之外的声音）极富变化。

找一找！

低鸣

啾　啾

◀矮竹或灌木丛中经常可以听到的叫声。

响彻山谷的鸣叫

咕　啾
咕　啾
咕　啾

◀这是警告敌人的叫声。

治愈小天使

北红尾鸲

雄性。

雌性的颜色看起来比雄性素雅一些。观鸟者通常会亲昵地将雄性北红尾鸲称为"北红小弟"，雌性则被称为"北红小妹"。

头部

眼部四周到喉咙的毛色是黑色的。

胸部到腹部为亮橙色，这是在冬天也能让人觉得温暖的颜色。

白色花纹

北红尾鸲的翅膀上有白色花纹，所以又被称为"穿礼服的鸟"。

动物笔记

分类：鸟纲雀形目鹟科
全长：约14厘米
中国分布：大部分地区
主要栖息地：房屋四周、耕地等
习性：北红尾鸲不害怕人类，在房屋附近的灌木和树桩上时常能发现它们。

咔
咔

"噼，噼，咔，咔"的叫声与**敲击火石的声音十分相似**。

去找北红尾鸲吧！

🐾 冬天如果在房屋附近听到了"噼，噼，咔，咔"的叫声，你可以在从水平视线到屋檐高度的范围内仔细寻找，或许就能发现北红尾鸲。

🐾 如果在自己的地盘上发现了一面镜子，北红尾鸲可能会和"镜子里的敌人"打上一架。

找一找！

▲ 在冬季，北红尾鸲的领地意识特别强。

鞠躬

◀ 它们一边抖动尾羽一边俯身的样子就像是在鞠躬行礼，这个动作很有辨识度。

小鸟中的"狠角色"

牛头伯劳

面部

眼部四周都是黑色，就像一位"蒙面侠客"。

喙

喙上有两处弯钩，便于捕获和撕碎猎物。

雄性。

羽色

从胸部到腹部都是橙红色。

雌性牛头伯劳眼睛周围的颜色较浅。

尾巴

牛头伯劳在停下休息的时候**尾巴会悠闲地转圈**。这是它们的标志性动作，即使从很远的地方也能分辨出来。

牛头伯劳的**高声啼叫**：入秋后，其他鸟类都安静下来，它们依旧会用高亢的叫声宣示领地。

咳唧 咳唧 咳唧 咳唧

动物笔记

分类：鸟纲雀形目伯劳科　　**全长**：约 14 厘米
中国分布：北京、河北、四川、甘肃等地
主要栖息地：房屋周围、耕地、树林边缘等
习性：牛头伯劳有锋利的钩状喙，能够捕猎与自己个头相当的小鸟和老鼠，所以又被称为"小猛禽"。它们擅长模仿其他鸟类的叫声，又被称作"百舌鸟"。

去找牛头伯劳吧！

❀ 如果你听见了牛头伯劳的高声啼叫，可以在**附近显眼的树木或建筑物顶部**寻找它们的身影。

❀ 在秋冬时分，寻找牛头伯劳的**猎物**也是件十分有趣的事情。如果你在它们的领地附近看到了带刺的树木或铁栅栏，就去上面找一找吧。

野外踪迹

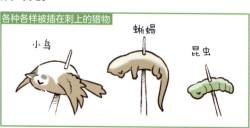

各种各样被插在刺上的猎物

小鸟　　蜥蜴　　昆虫

◀ 近年的研究表明，被插在刺上的猎物是雄性牛头伯劳求偶时不可或缺的营养餐。

昆虫"被害案"重大嫌疑"鸟"

日本鹰鸮
xiāo
①

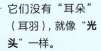

它们没有"耳朵"（耳羽），就像"光头"一样。

眼睛
圆滚滚的**黄色眼睛**，视力极佳。

爪子
猫头鹰的爪子**前后各有两趾**。

有耳羽的猫头鹰

动物笔记
分类：鸟纲鸮形目鸱（chī）鸮科
体长：约 29 厘米
中国分布：山东、湖北、辽宁、台湾等地
主要栖息地：杂树林等
习性：日本鹰鸮是猫头鹰中比较常见的种类，以蛾子、甲虫、蝉等昆虫为食。

长耳鸮

西红角鸮

① 该动物虽然以"日本"命名，但在中国也有分布。

去找日本鹰鸮吧！

❧ 漫步林中时，偶尔会看到树下**横七竖八地躺着**独角仙、蝉等昆虫的尸体，而犯罪嫌疑"鸟"很可能就是日本鹰鸮。

❧ 猫头鹰都是**夜行性**动物，**白天会在树上休息**。如果在白天看到它们，要注意**不要打扰它们睡觉**。

正在休息的猫头鹰

▲ 白天，猫头鹰正在树上休息，并且在休息时依然警惕着四周的情况。如果你发现了它们，请不要打扰。

野外踪迹

惨状

◀ 昆虫尸体已经被吃完了，只剩下坚硬的外壳。

飞行能手

黑鸢
yuān

翅膀边缘呈黑色。

翅膀内侧
翅膀内侧有白色花纹，从远处看也十分显眼。

尾羽

黑鸢

其他猛禽

黑鸢的尾羽展开后呈三角形，其他猛禽的尾羽展开后更接近圆弧形。

快住手啊！

哇哈哈哈

黑鸢体形极大却十分温驯，经常被乌鸦欺负。

日本有句俗语叫作"鸢把油豆腐叼走了"，意思是到手的东西被别人抢走。某些地区确实发生过**黑鸢抢走人类食物**的事情。

动物笔记

分类：鸟纲隼形目鹰科　**体长**：59～69厘米
中国分布：广泛分布于各地　**主要栖息地**：耕地、河边、树林、渔港等
习性：黑鸢与田园风景十分般配，是很常见的一种鹰。虽然是鹰，但它们并不喜爱捕猎，而主要以虚弱的动物或动物尸体为食。

去找黑鸢吧！

❀阳光明媚的日子里，黑鸢经常会在**郊外上空**盘旋。如果你听见了"唧——啾咯咯"的叫声，就抬头看看天空吧。

❀观察它的尾羽是不是呈**三角形**。认真观察是区分黑鸢和其他猛禽的第一步。

比一比！

普通鵟（kuáng）

◀对黑鸢有所了解后，就可以来认识一下冬季常在洼地出没的普通鵟了。在你熟悉这两种鸟之后，只要通过飞行方式和外观就可以区分它们。对鸟类越了解的人，在辨别的时候越不需要查看羽色等细节特征。

"看家护院" 的蜥蜴

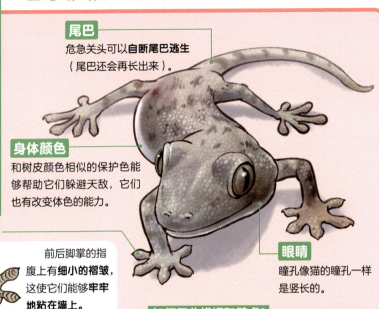

多疣壁虎

尾巴
危急关头可以**自断尾巴逃生**
（尾巴还会再长出来）。

身体颜色
和树皮颜色相似的保护色能够帮助它们躲避天敌，它们也有改变体色的能力。

手指
前后脚掌的指腹上有**细小的褶皱**，这使它们能够**牢牢地粘在墙上**。

眼睛
瞳孔像猫的瞳孔一样是竖长的。

如何区分蟾蜍和壁虎?

蟾蜍属于两栖动物，喜欢在**水井**周围出没，而壁虎属于爬行动物，生活在**房屋**周围。

* 据说，壁虎会主动吃掉房屋周围的害虫，帮人类"看家护院"。

动物笔记

分类: 爬行纲有鳞目壁虎科
全长: 10~14厘米
中国分布: 广泛分布于各地
主要栖息地: 房屋及周围区域
习性: 在房屋及周围的树干上经常能看到多疣壁虎。它们的指腹上有褶皱，可以粘在墙壁和天花板上。人类从它们的这种生理构造中得到灵感，发明了胶带。

去找多疣壁虎吧!

❋ 因为多疣壁虎会把飞向灯光的虫子吃掉，所以夜晚经常能在**灯光附近**找到它们。

❋ 白天可以在建筑物或树皮的缝隙中找到多疣壁虎，特别是在**多缝隙的古旧木屋里**更是**常常能见到它们**。

❋ 多疣壁虎很喜欢躲在**树铭牌的背面**。

找一找!

树铭牌的背面

◀ 躲在树铭牌（写着树名的板子）背后休息的多疣壁虎。

蓝尾石龙子

断尾逃生的机会只有一次

幼体
漂亮的**蓝色尾巴**。

身体两侧有**粗条纹**。

可以**自断尾巴**逃生。

断掉的尾巴还能**扭动一会儿**（通常是为了吸引敌人）。

金蛇
分类：草蜥科
全长：18～25厘米
中国分布：广泛分布于各地
其他信息：与蓝尾石龙子相比，它们的**体表更粗糙**，尾巴也更长。

动物笔记
分类：爬行纲有鳞目石龙子科
全长：20～25厘米
中国分布：广泛分布于华北、华南地区
主要栖息地：杂树林、公园、草地等
习性：蓝尾石龙子是一种肉食性动物，它们会在地上寻找蚯蚓等食物。

去找蓝尾石龙子吧！

🌿 晴朗温暖的日子里，经常可以看到它们趴在石头上**晒太阳**。

🌿 蓝尾石龙子在落叶间爬行时，**会发出"沙沙"的声响**，可以循着这种脚步声找到它们。

🌿 蓝尾石龙子也经常躲在石头缝里，它们的**警戒心很强**，只要发现其他生物靠近就会马上躲起来。

找一找！

蓝尾石龙子
▲ 躲在石头缝里的成年蓝尾石龙子。

自断尾巴的蓝尾石龙子
▲ 蓝尾石龙子的尾巴虽然可以再生，但是它们不能再次自断尾巴。

帅气的蛙

蟾蜍①

腮腺（耳下腺）
从这里会分泌出含有毒素的白色液体。如果不慎接触到，一定要洗手。

雄性没有鸣囊，所以鸣叫时声音不大。

手指
没有像雨蛙那样的吸盘。

蟾蜍幼体

雨蛙幼体

幼体：蟾蜍的幼体与大型的成体截然相反，刚上岸时只有 1 厘米左右，比其他蛙类的幼体都小。它们体表颜色发黑，以蚜虫等生物为食并逐渐长大。

动物笔记
分类： 两栖纲无尾目蟾蜍科
全长： 8～18厘米
主要栖息地： 稻田、池塘草丛等
习性： 耐干燥，在市区中也能生存下来的大型蛙类。不喜欢鸣叫，也不喜欢跳跃。

初春的夜晚，水边常常会展开多只雄性争夺一只雌性的"交配大战"。

① 属名。

去找蟾蜍吧！

道路上的蟾蜍
▲ 在城市的道路上也能看到。

🐾 蟾蜍成体一般都比较懒，只有在雨后才会活跃起来，也更容易进入人们的视线。

🐾 2~3月可以在水边看见它们产下的卵。由于蛙类的交配是在夜晚进行的，所以我们一般很难亲眼见到。

找一找！

蟾蜍的卵
▲ 蟾蜍会在早春（2~3 月）时节来到水边，产下带状的卵块。

十分常见

菜粉蝶

翅膀总体呈白色，有些许黑**色花纹。**

卵

幼虫

动物笔记

分类：昆虫纲鳞翅目粉蝶科
前翅长：2～3厘米
中国分布：大部分地区
主要栖息地：耕地和附近的区域
习性：田边常见的一种粉蝶。幼虫（青虫）吃油菜花、卷心菜等十字花科植物长大。

黑纹粉蝶

体长：2～3厘米
其他信息：和菜粉蝶一样以十字花科植物为食，喜欢非人工种植的**野生十字花科植物。**

比菜粉蝶更具野性。

去找菜粉蝶吧！

❀菜粉蝶经常出没于种植**十字花科农作物**的地方。在空中飞翔的大多是寻找雌性的雄性菜粉蝶。

❀如果在叶子上仔细翻找，你就能很容易地找到菜粉蝶的卵或幼虫。如果条件允许，你还可以抓一只幼虫来饲养，体验观察的乐趣。

找一找！

幼虫

▲卷心菜田里经常能看见菜粉蝶幼虫。

卷心菜

白萝卜

白菜

特别喜欢

▲幼虫以各种十字花科的蔬菜为食。

柑橘凤蝶

会伪装成 鸟类的粪便

柑橘凤蝶会被各种各样的花朵吸引，杜鹃花便是其中之一。

动物笔记

分类：昆虫纲鳞翅目凤蝶科
体长：4～6厘米
中国分布：广泛分布于各地
主要栖息地：草地、公园、果园等
习性：柑橘凤蝶幼虫喜欢以芸香科植物为食，所以人们经常可以在庭院、果园等处见到它们。为了寻找花朵或求偶，它们经常会在阳光灿烂的环境中盘旋飞舞。

凤蝶的同伴

蓝凤蝶

　　蓝凤蝶更喜欢在森林这样的**幽暗的环境**中飞舞。不知道它们是因为身体呈黑色才喜欢幽暗的环境，还是因为喜欢幽暗的环境才变成了黑色呢？

金凤蝶

　　外形与柑橘凤蝶相近，幼虫以胡萝卜等**伞形科植物为食**。

青凤蝶

　　它们的翅膀近似**三角形**，飞行速度**极快**，在飞行的时候一般不会被抓住。青凤蝶喜欢生活在樟树上，所以在城市中也能看见它们的身影。

去找柑橘凤蝶吧！

❀ 可以在**芸香科（柑橘、柚子、花椒等）的树**上发现柑橘凤蝶的幼虫或蛹。

❀ 经常可以看到它们在草地、树林附近等**明亮的地方**飞舞或是**采蜜**。

想要了解昆虫，就要先熟悉植物。

两种芸香科树木

花椒的叶子

夏橙

低龄幼虫和 5 龄幼虫[1]

▲ 低龄幼虫会伪装成鸟类的粪便，到了 5 龄幼虫阶段就会变成绿色的芋虫[2]。

① 5 龄幼虫：蜕了 4 次皮的幼虫。
② 芋虫：没有明显毛刺的幼虫。

找一找！

专栏 **试着养蝴蝶幼虫吧！**

如果你发现了蝴蝶幼虫，就试着养养看吧，一定会很有趣。

它们吃叶子时狼吞虎咽的样子真是可爱极了，让人百看不厌。

只要能够保证叶子的供给充足，饲养幼虫就不是件难事。不过蝴蝶的幼虫和蛹对于大自然中的其他动物来说是十分重要的"食物"，所以还是少养几只吧。

盖子

容器

给幼虫吃的树叶

用浸湿的纸巾包裹可以放得更久

在底部铺上纸巾或报纸，这样清理时会更轻松

勤做清理，保持干净。

给幼虫吃的树叶：

每种蝴蝶的食草、食树喜好各不相同。它们最喜欢吃的还是在野外时习惯吃的那些树叶。

⚠️注意事项⚠️
● 及时补充树叶，不要等到都被吃完才放新的。
● 把饲养容器放在明亮的地方（在黑暗环境下它们会更快结蛹）。

低龄幼虫不太爱动，可以这样饲养，同时也方便观察它们进食的样子。但是，要注意别让它们爬到外面去。

棉花或布

报纸

树枝

到了终龄幼虫（即将变成成虫的幼虫）阶段，请放入树枝以便它们结蛹。

例如，柑橘凤蝶会在结蛹2~3周后的早晨6~8点羽化（昆虫由蛹变成成虫的过程）。它们顺利变成成虫后最好把它们送回原来的地方。

蝴蝶幼虫的头部

绿弄蝶　　电蛱（jiá）蝶　　稻眉眼蝶　　拟斑脉蛱蝶

仔细看来，大多数是可爱或有趣的脸。

▲ 电蛱蝶幼虫的蜕皮壳。就像小丑的脸。

异色瓢虫

常见种类
黑黑的底色上点缀了两块红色斑纹。

幼虫和成虫均为肉食动物，常以蚜虫为食。

背部图案多变，看起来完全不像是同一种瓢虫。

幼虫看上去就像怪兽一样。

动物笔记

分类： 昆虫纲鞘翅目瓢虫科
全长： 5～8毫米
中国分布： 广泛分布于华北、华南地区
主要栖息地： 草地、树干
习性： 十分常见，幼虫和成虫均通过吃蚜虫获取营养，幼虫会成长为成虫形态过冬。

瓜茄瓢虫幼虫

体长： 6～9毫米
其他信息： 看起来可怕，但摸起来并不扎手。

茄二十八星瓢虫

体长： 6毫米
其他信息： 一种草食性瓢虫，经常附着在土豆或茄子的叶片上。

去找异色瓢虫吧！

☘ 在花朵的茎和叶上找找看吧。特别是**有蚜虫出现的地方**，经常可以看到它们。

☘ 大多数瓢虫都是**以成虫的形态过冬**。在**岩石缝和树皮间**经常可以看见数以百计的异色瓢虫密密麻麻地挤在一起。

找一找！

◀ 在树干和建筑物的表面经常可以看到瓢虫的虫蛹。

◀ 掀起树皮观察时要小心，不要"弄伤"树木。

蚂蚁的天敌，真面目竟是……

蚁狮

钳子（大下巴）

蚁狮的钳子（大下巴）呈锯齿状，一旦抓住猎物就不会松开。

巢穴内侧

铺着细细的沙子，底部也铺满沙子，所以昆虫一旦掉落就很难逃生。

蚁狮的真面目是蚁蛉（líng）类幼虫。 它们通过大量进食来为结蛹储备营养，羽化后就会飞走。

刚毛

刚毛是可以感受外界刺激的毛。蚁狮的身上长着密密麻麻的刚毛，即使是极小的震动它们也能感受到。

动物笔记

分类： 昆虫纲脉翅目蚁蛉科　**体长：** 3~5厘米（羽化后）
中国分布： 广泛分布于各地　**主要栖息地：** 草地、树干（羽化后）等
习性： 蚁狮会在地面挖出一个研钵形状的巢穴，并把掉入的昆虫吃掉。在它们的食物中，蚂蚁占了大约六成，而且一旦掉落就无法生还。

去找蚁狮吧！

❀ 你可以去不会被雨淋到的干燥沙地找一找，**寺庙等传统建筑的外廊**也是蚁狮的出没地点之一。

❀ 你可以把蚁狮放在**纸杯或塑料盒**里饲养。喂食的过程虽然辛苦，但是能观察到它们如何筑巢又如何变成成虫，还是十分有趣的。

找一找！

巢穴

◀ 两个并排的蚁狮巢穴。

第三章

水边和草地
的动物

稻田 / 河流 / 池塘 / 草地

貉的狩猎能力不如狐狸强。

啊——

哒呀！

唛？

让它跑了吗……

嘶……

它又回来了！

虎斑颈槽蛇

啪

渔翁得利

生活在草上的小老鼠

巢鼠

把草顺着纵纹撕开后编织成巢。

尾巴很长，可以用来支撑身体。

褐家鼠头身长 22～26厘米　巢鼠头身长 约6厘米

动物笔记

分类：哺乳纲啮齿目鼠科
体长：约6厘米
中国分布：除西北以外的大部分地区
主要栖息地：芦苇、芒草和荻等草丛
习性：巢鼠是一种会在草上筑起碗状巢的超小型老鼠。它们是杂食性动物，主要以禾本科植物的种子和昆虫为食。入冬后，巢鼠会在靠近地面的地方筑巢过冬，有时也会直接"借用"其他老鼠挖好的洞穴过冬。

短翅树莺的巢 直径约20厘米

巢鼠的巢 直径约10厘米

人们常用"搭"来形容鸟类筑巢，而巢鼠把草顺着纵纹撕开后筑巢的行为更适合用"编"来形容。巢鼠和鸟类筑的巢大小也截然不同。

去找巢鼠吧！

✿ 在大片的芦苇、荻和芒草等草丛里很容易发现巢鼠的巢穴。

✿ 春季至夏季是巢鼠的育儿季，这时就算找到了它们，也**不要去触摸巢鼠或巢穴**。

冬季时，巢鼠不住在巢里，所以▶可以近距离观察它们的巢穴。

野外踪迹

旧巢

喜欢尾随拖拉机的鸟

牛背鹭

颈部
牛背鹭的颈部比其他鹭**更粗、更短。**

亚麻色
牛背鹭**头部、胸部和背部**的羽色为亚麻色，到了春天换羽后会变为**橙色**。

脚
牛背鹭的脚也比其他鹭**更短。**

轰隆隆

跟在拖拉机后面的牛背鹭。它们正在啄食拖拉机翻耕时从泥土中带出来的昆虫等小动物。

动物笔记

分类：鸟纲鹳形目鹭科
全长：约50厘米
中国分布：广泛分布于长江以南地区
主要栖息地：稻田和草地等
习性：鹭常见于牧场、稻田和草地等环境中，通常以青蛙、蜥蜴、蛇和昆虫等动物为食。

去找牛背鹭吧！

🐾 牛背鹭一般生活在稻田里，与白鹭和大白鹭相比，它们**较少出现在流动的河流中。**

比一比！

牛背鹭　　白鹭　　中白鹭　　大白鹭

鹭的冬羽[1]
即使是夏羽华丽的牛背鹭，一到冬天也会换成"一身白"，更不易与其他鹭区分。

① 多数鸟类的羽毛会定期更换，秋天更换后的新羽叫作冬羽，春天更换后的新羽叫作夏羽。

把幼崽背在背上喂养的水禽

小䴙䴘

眼睛
瞳孔很大，看上去就像受到了惊吓一样。

夏羽
从脸颊至喉部均为红色。

幼鸟
幼鸟总是坐在父母的背上（其他水禽也有相同的行为）。

在芦苇丛或下垂至水面的树枝上筑**浮巢**。

冬羽
全身都换上了颜色朴素的羽毛。

动物笔记

分类： 鸟纲䴙䴘目䴙䴘科
全长： 约25厘米
中国分布： 大部分地区
主要栖息地： 湖泊、沼泽和水塘等
习性： 一种小型水禽，喜欢生活在水流几乎处于静止状态的湖泊和水塘等地，会潜入水底寻找食物（小鱼、虾等）。

在水中行动灵活，**时而划水，时而潜水。**

带蹼的脚
称作**瓣蹼足**。

去找小䴙䴘吧！

❀ 虽然小䴙䴘是小型鸟，但它们鸣叫时会发出剧烈的"啾噜噜噜噜"的声音。只要循声观察水面，就能发现它们的踪迹。

❀ 小䴙䴘偶尔**会把自己的脚大幅向后"伸展"**，抓住这个机会，你就能观察到它们的瓣蹼足。

找一找

幼鸟

瓣蹼足

普通翠鸟

鸟喙

细长尖锐，可以**缓解水的阻力。**

背部

从背部到尾巴的羽毛都呈现出美丽动人的**钴蓝色**。这种光彩夺目的颜色被称为结构色，是由翅膀的特殊构造造成的。

尾巴短

脚也短

锁定目标

你会看见普通翠鸟前一秒还一动不动，后一秒就"嗖"地径直潜入水中，也可能会先**悬停**片刻，再俯冲入水。

啪啪

普通翠鸟会把猎物**摔打**到没有反抗之力后再进食。

雄鸟会把**猎物当作求偶的礼物**送给雌鸟，这种行为被称作"求偶喂食"。

动物笔记

分类：鸟纲佛法僧目翠鸟科　　**全长**：16~20厘米
中国分布：东部及南部各地　　**主要栖息地**：河流和水塘等
习性：普通翠鸟可以下潜至水中捕食甲壳类生物、小鱼等，有时还会捕食蜻蜓等昆虫。在人们的印象中，普通翠鸟一般只生活在干净的河流附近。但近几年，在郊外和城市不太清澈的河流中也能看到它们的身影。

去找普通翠鸟吧！

找一找

❀ 当听到"叽——"或"叽叽叽……"的叫声时，只要观察紧贴水面的位置，也许就会发现正在飞翔的普通翠鸟。

❀ 在岸边那些有树枝伸出的地方更容易找到普通翠鸟，因为它们喜欢去那里觅食。

▼脚短。

挠头

正在摔打猎物

天空就是舞台

云雀

胸部
有很多竖条斑纹。

起立！

云雀鸣叫的时候会**竖起羽冠**。

腹部
下半部分呈白色。

动物笔记

分类： 鸟纲雀形目百灵科
全长： 约17厘米
中国分布： 广泛分布于各地
主要栖息地： 耕地和草地等
习性： 云雀一般栖息在耕地、草地和河道等开阔地带。它们常在晴天飞翔，除了在飞翔的时候会高声鸣叫外，也会经常停在高处啼叫。

巢

好疼呀⋯⋯

喵？

演技

云雀习惯在草地筑巢，所以它们**对外来入侵者非常敏感**。一旦有敌人接近巢穴，便会假装受伤来转移敌人的注意力，这种行为叫作**拟伤行为**。

去找云雀吧！

❀ 如果你听到空中传来**短促的鸟叫声**，很有可能是云雀发出来的。

❀ 空中的云雀**看起来只有豆粒大小**，所以要仔细寻找才能看到它们。

找一找！

啾啾 啾啾 啾啾 华华

▲ 一边在高空飞翔一边鸣叫。

云雀的巢

▲ 云雀会在草地上筑巢，如果你发现了鸟巢，请不要乱动。

华丽的羽毛

绿雉

羽冠
耳朵状的羽冠。

皮肤
脸上的红皮肤十分显眼。

拍打翅膀
雉科鸟类在求偶或威吓敌人的时候，会剧烈拍打翅膀发出声响。这是一种敲击发声的行为。

尾羽
非常长。

动物笔记

分类：鸟纲鸡形目雉科
全长：雄性约80厘米
　　　　雌性约60厘米
主要栖息地：耕地和草地等
习性：绿雉在陆地上行走，以植物的果实、种子或昆虫为食。进入繁殖期后，雄鸟会通过拍打翅膀展示华丽的羽毛来吸引雌鸟。

雌性的毛色**不如**雄性的鲜艳。

绿雉虽然体形庞大**奔跑速度极快**，但不擅长飞翔。

好快啊?!　嗖——

去找绿雉吧！

❀ 在春天，绿雉会发出"喞——喞——"的叫声，还会"扑棱棱"地拍打翅膀。我们可以循着叫声和振翅声找到它们。

❀ 偶尔还能见到绿雉从农田或山林小道上飞驰而过的场景。

可以在郊外看到的其他雉科鸟类

比一比!

铜长尾雉
◀ 与喜欢生活在明亮环境的绿雉不同，铜长尾雉一般生活在山林中。

灰胸竹鸡
◀ 灰胸竹鸡主要生活在森林里，所以我们很难见到它们的身影，但是时常能听到它们"啾、啾"的叫声。

灰脸鵟鹰

郊外之鹰

雌性的眉毛（眉斑）一般呈**白色**，十分引人注目。

雄性的头部呈深灰色，没有醒目的眉斑。

凌厉的眉毛看起来很帅气。

喉部
有一条黑线。

动物笔记

分类：鸟纲鹰形目鹰科
全长：47～51厘米
中国分布：大部分地区
主要栖息地：稻田周围和树林等
习性：灰脸鵟鹰常以郊外的青蛙、蜥蜴、蛇及昆虫为食。

苍鹰	普通鵟	灰脸鵟鹰
爱吃鸟	爱吃老鼠	爱吃青蛙

鹰是一种杂食性动物，每种类型的鹰主要食物也不同。

去找灰脸鵟鹰吧！

🐾 灰脸鵟鹰会发出"哔咕——"的叫声，这种叫声非常特别。如果在听到叫声后抬头看看，就能轻易找到它们。

🐾 春夏时节，它们喜欢**在稻田周围的高树或电线杆等处寻找食物**。

找一找！

围围的森林

河谷平原
觅食地

◀ 河谷（如图所示的环境）对灰脸鵟鹰而言是非常适合育儿的地方。

灰脸鵟鹰停在稻田旁的电线杆上

比外来生物还稀有

日石

蹼

甲壳

甲壳的后方呈**锯齿状**。

锯齿状

分类：爬行纲龟鳖（biē）目地龟科
甲壳长：16~18厘米
主要栖息地：河流、水塘、草地等
习性：日石为杂食性动物，以树木果实、昆虫、鱼类、青蛙、虾以及贝类等多种生物为食。它们会在陆地上徘徊和觅食，入冬后便会躲到落叶下面或水底等处冬眠。

密西西比红耳龟

分类：泽龟科
甲壳长：最长30厘米
其他：脸部侧边有红色条纹（名字的由来）。

乌龟

甲壳长：最长30厘米
其他：整体呈黑色，脚跟会散发臭味。

除陆龟外，自然界中的其他龟类都会选择在**水底冬眠**。它们都是爬行动物，所以平时主要用肺呼吸，冬眠期间会保持原地不动的姿势来减少能量消耗，同时通过皮肤吸入水中的空气。

去找日石吧！

🐾 龟类常在天气好的时候，趴在水边静静地享受**日光浴（晒背）**。

🐾 偶尔能看到它们**只把头露出水面**的样子。

比一比！

密西西比红耳龟

密西西比红耳龟是中国最常见的外来龟类。▶

不要认错了

青大将

背面呈绿色且体形庞大。

身高约为 1.7 米的成年男性

最长的青大将长度将近 2 米。

瞳孔呈圆形。

我不是……

小心呀

有蝮蛇！！

青大将幼蛇身上有斑纹，因此有时会被错认成蝮蛇。

擅长爬树，常以鸟蛋和幼鸟为食。

啊！

宝贝，吃饭啦——

动物笔记

分类： 爬行纲有鳞目游蛇科
全长： 1~2米
主要栖息地： 稻田、草地、森林周围等
习性： 青大将擅长爬树，所以除了会捕食老鼠和青蛙等动物外，也喜欢吃鸟蛋和幼鸟。它们虽然体形庞大，但天性温驯且无毒。

小心青大将！

🐾 青大将是爬行动物，喜欢在**温暖的晴天**出去"散步"。它们喜欢吃老鼠，所以经常在村落四周出没。

🐾 蛇类向来行踪不定，我们往往只能在观察其他生物的时候**偶然遇见**它们。

🐾 **警戒心极强**，一旦发现有人靠近便会立即躲进草丛，所以要和它们**保持距离**。

偶尔能在郊外发现蜕下的蛇皮。你可以▶把它捡起来，调查一下"主人"的种类。

野外踪迹

青大将的蛇蜕

虎斑颈槽蛇

小心，是毒蛇！

颈部
虎斑颈槽蛇除了会从牙齿分泌毒液，还会从这里分泌出**颈背腺毒液**。

黑色和红色的斑纹是它们的典型体色。生活在不同地方的虎斑颈槽蛇体色也有很大差异。

咕噜噜……

嗯

虎斑颈槽蛇**特别喜欢吃青蛙**。青蛙在被咬住后，会**鼓起肚子**拼命抵抗。

蝮蛇　毒

虎斑颈槽蛇　毒

蝮蛇的毒牙是中空的，就像一根注射针头，可以**瞬间注入毒液**。而虎斑颈槽蛇的毒牙位于口腔深处，毒液只存在于牙齿表面。

动物笔记

分类：爬行纲有鳞目游蛇科　　**全长：**0.6～1.2米
中国分布：大部分地区
主要栖息地：稻田和湿地等水边地带
习性：虎斑颈槽蛇特别喜欢吃青蛙，所以一般会在水边出没，它们的水性很好。作为捕食者的虎斑颈槽蛇，同时也是灰脸鵟鹰和普通鵟等猛禽钟爱的美味。虎斑颈槽蛇的牙齿和颈部都可以分泌出毒液。

小心虎斑颈槽蛇！

🐾 虎斑颈槽蛇常在稻田四周出没，天气好的时候会爬到**田埂上晒太阳**。

🐾 虎斑颈槽蛇虽然是毒蛇，但性格较温驯，属于"人不犯我我不犯人"的类型。即使被它们咬了，毒液也不会像蝮蛇的毒液一样瞬间进入人体。可是，被虎斑颈槽蛇咬伤后死亡的案例是出现过的，所以**千万不要徒手去捕捉它们**。

青色型

▲ 被称为"青色型"的变异个体。

红腹蝾螈

可以在深水池塘中看到探头呼吸的红腹蝾螈。

长尾巴

尾巴像鳍一样扁平，可以让它们游得更快。

红色腹部

红腹蝾螈因此得名，红色腹部也可能是一种**警告敌人**的手段。

我们是同类啊！

啪

吃掉

红腹蝾螈是肉食性动物，**只要见到会动的生物就会不顾一切地咬上去**，就连生活在一起的同类也不放过。

红腹蝾螈幼体有鳃。

动物笔记

分类：两栖纲有尾目蝾螈科
体长：约10厘米
主要栖息地：稻田和水塘等
习性：红腹蝾螈是两栖动物，常见于被森林包围的稻田和水塘等地。

其他有尾目动物　　**大鲵**

香蕉形状的卵囊（东京小鲵）

外表与蝾螈十分相似，但腹部不是红色。

鲵类的卵囊十分特别

去找红腹蝾螈吧！

- 比起开阔的稻田，红腹蝾螈更喜欢在**林中的水边**活动。
- 红腹蝾螈的皮肤有微弱的**毒性**，摸过它们后一定要洗手。
- 红腹蝾螈**在某些地区属于濒危物种**，所以千万不要在保护区内捕捉它们。

找一找！

蝾螈

▲ 稻田中蝾螈的俯视图。背上的颜色很朴素，很难辨认。

虽然起得早，但喜欢睡回笼觉

山褐蛙

整体呈暗淡的茶色。

偏红色调的亮茶色。喉部至腹部呈白色，没有斑纹。

林蛙
全长：3~7厘米

喉部至腹部有深色斑纹。

乍暖还寒的2~3月，山褐蛙来到稻田里的水洼产卵。

动物笔记

分类：两栖纲无尾目赤蛙科
全长：4~8厘米
主要栖息地：稻田和杂树丛等
习性：在2~3月积雪消融时，山褐蛙就会忍着寒意来到水洼产卵。在有些地方，产卵时间会提前到1月前后。除了繁殖期外，它们基本都生活在森林中。

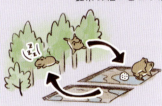

产完卵后……居然又回到山里睡回笼觉！

山褐蛙	林蛙
背部的侧线在鼓膜后方附近弯曲	背部的侧线基本呈直线

去找山褐蛙吧！

🐸 早春时节到**稻田的水洼边**走走，就会发现**卵堆**。

🐸 成年山褐蛙通常生活在森林里，很难见到。

🐸 与此相反，林蛙过了繁殖期后也可能出现在稻田周围，所以更常见。

找一找！

卵堆

▲ 在万物尚未萌芽的早春时节，这样的卵堆随处可见。

像老爷一样威风凛凛的蛙

黑斑侧褶蛙

背部的黑色斑纹有相连的地方。

雄性的体色多样，从绿色到茶褐色有多种颜色变化。雌性则为灰褐色。

黑斑侧褶蛙体格魁梧、英姿飒爽。

咕噜噜
呱呱呱

雄性通过**鼓起左右两侧的鸣囊（鸣袋）来鸣叫**。

动物笔记

分类：两栖纲无尾目赤蛙科
全长：4～9厘米（雌性体形更大）
中国分布：广泛分布于东部地区
主要栖息地：稻田和池塘等
习性：黑斑侧褶蛙是很有名的稻田蛙，除了吃蝗虫和蚯蚓，它们还会为我们除去稻田里的害虫。近几年，由于郊外环境变化等原因，它们数量已经开始减少。

与它非常相似的蛙 **达摩蛙**

达摩蛙与黑斑侧褶蛙非常相似，背部花纹多为显著的黑色斑点。

去找黑斑侧褶蛙吧！

🌱 黑斑侧褶蛙几乎不会离开稻田，所以**除冬眠期以外，一般都能在稻田看到它们**。

🌱 警戒心极强，看到有人靠近就会马上钻入稻田中逃走，所以我们可以**用小捞网把它们捞起来观察**，或者**在距离稍远的地方观察**。

其实，它们有毒

东北雨蛙

体色
会随着周围环境的变化而改变。

手脚都变成了**吸盘**。

下雨的时候会一直欢快地大声鸣叫，所以被命名为雨蛙。

安静……

近期研究表明，东北雨蛙鸣叫时会注意让自己的叫声不与其他雨蛙的叫声重叠，而且在休息时还会一齐停止鸣叫。

动物笔记

分类：两栖纲无尾目雨蛙科
全长：2～4.5厘米
主要栖息地：稻田、池塘和草地等
习性：东北雨蛙是常见于稻田和浅水区的普通蛙类，也是为我们消灭害虫的好伙伴。它们长着发达的吸盘，所以有时也会吸附在墙面或窗户上。

东北雨蛙经常生活在潮湿的环境里，为了**保护自己不受细菌和真菌感染**，身上有微弱的毒性。

去找东北雨蛙吧！

🐾 东北雨蛙一般不会生活在深水池塘里，我们可以去**稻田或浅水洼附近**找它们。

🐾 有**微弱的毒性**，如果你触摸了它们，**一定要洗手**！

🐾 在夜晚，东北雨蛙为了找虫子吃，会来到有**灯光**的地方。

自动贩卖机上的东北雨蛙

白天会躲在物体的缝隙中。

躲起来的东北雨蛙

躲在缝隙中的东北雨蛙

▲有时会被自动贩卖机的灯光吸引。

找一找！

我们不是小杂鱼

宽鳍鱲
liè

婚姻色
到了**繁殖期**，雄性会
变成非常漂亮的**彩虹
色**（婚姻色）。

臀鳍
雄性的臀鳍宽大且美丽。

动物笔记

分类：硬骨鱼纲鲤形目鲤科　　**全长**：约16厘米
中国分布：东部各水系　　**主要栖息地**：河流的中下游流域等
习性：宽鳍鱲是一种很常见的淡水鱼，生活在河流的中下游流域，那里水流较急。在淡水鱼中，它们算是体形较大的。宽鳍鱲是杂食鱼，以水草、昆虫和虾等为食。

宽鳍鱲的其他伙伴

小杂鱼指的是多个种类混在一起，没有太大价值的小鱼。

我们不是小杂鱼！我们有名字！

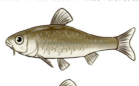

长颔须鮈（jū）
全长：约10厘米
其他：特征是嘴边的小须

拉氏大吻鳄（guì）
全长：约15厘米
其他：体表黏糊糊的，像涂了一层油

麦穗鱼
全长：8～11厘米
其他：特征为樱桃小嘴

去找找宽鳍鱲吧！

🐾宽鳍鱲是垂钓时经常能钓到的一种鱼。它们也可以通过摸鱼捉虾游戏（参照第64页）来捕获。

泥鳅

须

它们嘴上有 5 对须，是用来**触碰和辨别物体的感觉器官。**

肠呼吸

平时用鳃呼吸，浮到水面上后**会用肠子呼吸**（也能通过皮肤呼吸）。

小眼睛

泥鳅生活在水底黑暗的环境中，因此眼睛**比其他淡水鱼更小。**

受惊时总会钻进泥里。

动物笔记

分类：条鳍鱼纲鲤形目鳅科
全长：10～15厘米
中国分布：东部南北各水系
主要栖息地：水田、池塘等处的水底
习性：泥鳅需要在温度较高的水域产卵，因此它们到了产卵期就喜欢钻进水田。泥鳅能用皮肤呼吸，即使冬天水田干涸，只要还有湿气，它们就能钻入土中过冬。

其他伙伴

琵琶湖鳅

全长：约10厘米
生活情况：比起泥鳅，它们更喜欢流动的泥沙环境。

斑北鳅

全长：约 6 厘米
生活情况：体形和泥鳅不同，呈小圆柱状。

去找泥鳅吧！

✿ **泥鳅受惊后会钻到泥里逃走**，所以带着泥一起抓更容易抓到它们。

✿ 如果把泥鳅和其他鱼放到水槽中一起饲养，泥鳅会**主动承担清洁工作**。它们会**把鱼饲料残渣吃得干干净净**，推荐你饲养它们观察一下。

青鳉鱼

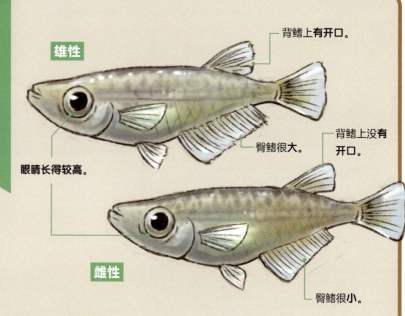

雄性

背鳍上**有开口**。

臀鳍很**大**。

背鳍上**没有开口**。

眼睛长得较高。

雌性

臀鳍很**小**。

动物笔记

分类： 硬骨鱼纲颌针鱼目青鳉科
全长： 约3.5厘米
中国分布： 辽河至海南岛各平原地区水系
主要栖息地： 稻田、小河和池塘等
习性： 青鳉鱼主要以浮游生物为食。

青鳉鱼是**群居鱼类**。它们群居的样子就好像学生在学校上学。

去找青鳉鱼吧！

❀ 青鳉鱼一般不会生活在大河流中，你可以在稻田或水流缓慢的小河等地发现它们。

❀ 青鳉鱼有时会被错认成是其他的淡水鱼鱼苗或外来物种——食蚊鱼。有一个特征可以辨认它们：从上往下看时，青鳉鱼的背部有一条黑色的线。

绯青鳉

▲ 整体呈红色。

青鳉鱼与外来物种食蚊鱼的区别：

比一比！

青鳉鱼

从上面看背部有一条黑色的线，尾鳍为三角形，臀鳍宽大。

食蚊鱼

尾鳍为圆形，臀鳍窄小。

其实我是克隆鱼

兰氏鲫

体色为**银白色**。

在鲤科中属于**体高较高的**。

体高

事实上，鲫鱼的分类并不明确。虽然图鉴上记载着许多种类，但最近通过基因解析，出现了另一种说法：鲫鱼只有"两类"，即白鲫和兰氏鲫。

兰氏鲫的三倍体或四倍体[1]均为雌性，它们的卵在受到其他鱼的精子刺激后，不用和精子进行结合即可正常孵化，这个行为叫作**无性繁殖**。

大家的脸都一模一样！
熙熙
攘攘
基因完全相同的雌性

白鲫

体高

全长：约40厘米
其他：白鲫的体高比兰氏鲫高，头比较大。深受钓鱼爱好者喜欢的"养殖白鲫"正是白鲫的改良品种。养殖白鲫也常见于公园池塘等地。

动物笔记

分类：硬骨鱼纲鲤形目鲤科　　**全长**：15～25厘米
中国分布：除青藏高原外各水系的各种水体中
主要栖息地：稻田、小河和池塘等
习性：兰氏鲫过去被人们当作摄入蛋白质的重要来源，栖息在河流的淤水处和池塘等地，有时也会在稻田里产卵。它们是杂食性动物，只要能放进嘴里的东西都会吞下去。

去找兰氏鲫吧！

- 可以在稻田和河流的淤水处等**静止的水域**中找到它们。
- 鲫鱼生命力强，**什么食物都吃**，所以很好饲养。不过它们很长寿，几年后会变得**非常大**，所以要保证鱼缸足够大。

刚开始饲养的时候
个别鲫鱼能长到约30厘米长。
好窄……
没想到会长得这么大！

[1] 三倍体、四倍体：以最少染色体的倍数作为标准来区分生物体的遗传学名词。

63

和小伙伴一起去水边"摸鱼捉虾"吧

摸鱼捉虾游戏是指在水边用小捞网捕捉水生动物。

<准备工作>

帽子
水岸边没有遮挡紫外线的东西，一定要戴帽子。

救生衣
有了救生衣，安全系数大幅提高。低龄儿童的必备品。

泳衣
下身尽量穿泳衣，活动更方便。

捞鱼网
D字形网口捞鱼网。圆形网口捞鱼网不适用。

水桶
用来观察捕捉到的动物。可折叠的水桶更方便。

防滑鞋
建议穿不怕湿的运动鞋、凉鞋或雨鞋等。

<游戏方式>

在水草茂盛的地方，把捞鱼网放在鱼可能逃跑的路线上，然后用脚踩踏水草，把鱼赶出来。不是用捞鱼网去捞鱼，而是把鱼赶到网里。

把网放在河流下游，踩踏水底的石头或泥沙，用同样的方法把鱼赶到网里。你还可以顺便抓些水生昆虫。

嘎沙嘎沙

⚠注意事项⚠

·安全第一，如果出现中暑症状就立刻回家。如果天气突变，一定要在河流涨水前离开。

·如果附近有人钓鱼，请不要惊动水面，以免影响钓鱼的人。

·不同的地区和河流对能否捕鱼、如何使用捕鱼工具等事项有不同的规定。一般情况下，"小孩子的游戏"是被默许的。但以防万一，还是应该提前向相关人士了解一下当地规定。

来做迷你水族馆吧！

把捕捉到的动物集中在一起就可以做一个迷你水族馆，也很有趣。如果你不打算饲养，请在观察后让它们回到自己的"家"。

诗中小虫

源氏萤

光
雄性比雌性发出的光更亮。在空中飞的源氏萤基本上都是雄性。

胸部

前翅
和甲虫属于同类，有坚硬的前翅。

幼虫长大后会爬上陆地，然后在土里变成蛹。

源氏萤通常会把卵产在青苔上，卵在变蛹的过程中也会发出**微弱的光芒**。

幼虫偏食，只爱吃川蜷。**捕捉不到川蜷就活不下去。**

动物笔记

分类：昆虫纲鞘翅目萤科
全长：约1.5厘米
主要栖息地：小河、水渠等
习性：因成虫在6～7月梅雨季节繁殖，所以它们常出现在描绘初夏深山的风景诗中。

源氏萤和平家萤**胸部**的花纹不同。

源氏萤　　平家萤

平家萤

全长：约1厘米
生活情况：比起源氏萤，平家萤没有偏爱的食物，贝类、水生昆虫、蝌蚪等它们都吃。它们的体形比源氏萤小，发出的光也更弱。

去找源氏萤吧！

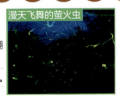
漫天飞舞的萤火虫

❀ 如果你在夜晚去深山里的水渠、小河等**有水的地方**，就可以观察到它们翩翩起舞、发出的光亮交相辉映的梦幻场景。

❀ 源氏萤**每年都会在同一个时间段里**大量繁殖，所以你可以向当地人打听情况。

❀ 在水田、蓄水池等**储水的地方**都可以看到平家萤。

淡蓝色的蜻蜓

白尾灰蜻

雄性白尾灰蜻发育成熟后，身体会像撒了盐一样变成淡蓝色。

复眼
漂亮的**青绿色**。

雌性
整体呈**素淡的黄色**，所以也被称作"**麦秆蜻蜓**"。

在把风的雄性

不德各放
打打放放

正准备产卵的雌性

不同种类的蜻蜓产卵方式也不同。白尾灰蜻以蜻蜓点水的方式产卵，被称为**点水产卵**。

它们有时候会**把反光的东西误认为是水面**，并在上面产卵。

后黑角柱灰蜻

分类：蜻科
体长：5~6厘米
其他：常被错认为是白尾灰蜻。后黑角柱灰蜻颜色深，翅膀的根部为黑色，在市区比较常见。

动物笔记

分类：昆虫纲蜻蜓目蜻科　　**体长**：5~6厘米
中国分布：广泛分布于各地　　**主要栖息地**：稻田和池塘等
习性：白尾灰蜻是为人熟知的一种蜻蜓，幼虫和成虫都是肉食性。它们活动范围广，从市区到山地均有分布，有时还会在小水洼产卵。

去找白尾灰蜻吧！

根据它们的产卵的方式，我们能在几乎没有水草的**人造池塘**里看到它们。

日本灰蜻

闪绿宽腹蜻

除白尾灰蜻外，淡蓝色的蜻蜓还有很多种。乍一看是白尾灰蜻的其实很可能是其他品种，所以要认真观察。

比一比！

昆虫也受不了高温

秋赤蜻

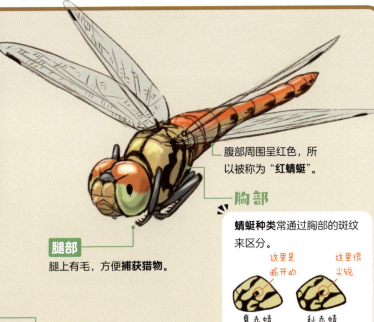

腹部周围呈红色，所以被称为"红蜻蜓"。

胸部

蜻蜓种类常通过胸部的斑纹来区分。

这里是断开的　　这里很尖锐

夏赤蜻　　　　秋赤蜻

腿部

腿上有毛，方便**捕获猎物**。

动物笔记

分类：昆虫纲蜻蜓目蜻科

体长：4~5厘米

中国分布：广泛分布于华北地区

主要栖息地：稻田、池塘和草地周围

习性：秋赤蜻是一种常见的红蜻蜓，几乎随处可见。夏季秋赤蜻羽化成虫后会立即飞到高处，等秋季转凉时再飞回平地。

秋赤蜻　高温真难受！

我们去高的地方吧！

夏赤蜻　在老家也挺好。

可能是因为秋赤蜻不喜欢高温环境，所以变成成虫后会马上**飞到高山上避暑**，待秋季天气**转凉**后又会**飞回平地产卵**。

夏赤蜻则不像秋赤蜻一样会飞往高处，即使在夏季，也能看见它们在郊外草木繁盛处、草丛和岸边出没。

去找秋赤蜻吧！

💧 秋赤蜻正如其名，**秋季割稻子的时期**在郊外很常见。

💧 夏赤蜻不会飞往高处，在**天气炎热**时常出现在**树荫**等地。虽然说到昆虫就会联想到夏天，但如果天气过于炎热，就连昆虫也懒得出去活动了。

比一比！

猩红蜻蜓

▶ 在炎热的天气里，小蜻蜓会扬起腹部，这么做是为了减少身体被阳光照射的面积。

体色清爽，适合夏天

碧伟蜓

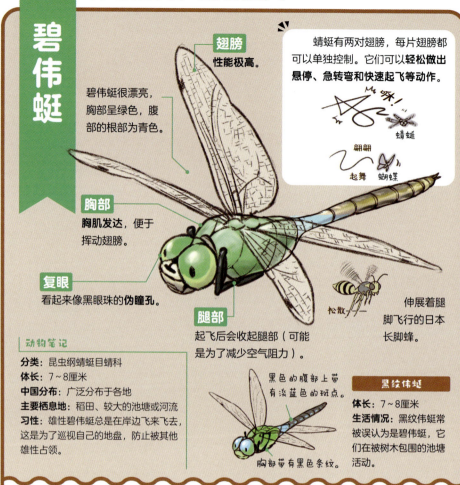

翅膀
性能极高。

碧伟蜓很漂亮，胸部呈绿色，腹部的根部为青色。

蜻蜓有两对翅膀，每片翅膀都可以单独控制。它们可以**轻松做出悬停、急转弯和快速起飞等动作。**

呀！
蜻蜓

翩翩
起舞 蝴蝶

胸部
胸肌发达，便于挥动翅膀。

复眼
看起来像黑眼珠的**伪瞳孔**。

腿部
起飞后会收起腿部（可能是为了减少空气阻力）。

松散
伸展着腿脚飞行的日本长脚蜂。

动物笔记

分类：昆虫纲蜻蜓目蜓科
体长：7~8厘米
中国分布：广泛分布于各地
主要栖息地：稻田、较大的池塘或河流
习性：雄性碧伟蜓总是在岸边飞来飞去，这是为了巡视自己的地盘，防止被其他雄性占领。

黑色的腹部上带有淡蓝色的斑点。

胸部带有黑色条纹。

黑纹伟蜓

体长：7~8厘米
生活情况：黑纹伟蜓常被误认为是碧伟蜓，它们在被树木包围的池塘活动。

去找碧伟蜓吧！

❀ 碧伟蜓的**飞行速度非常快，而且身形灵活**，所以很难捕获它们或是拍到照片。

❀ 碧伟蜓**产卵**的时候是观察它们的好机会。

找一找！

碧伟蜓
▲雌、雄碧伟蜓联结在一起产卵。

黑纹伟蜓
▲单独产卵。

热爱迁徙的蜻蜓

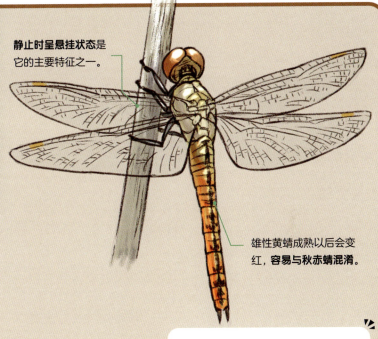

黄蜻

静止时呈悬挂状态是它的主要特征之一。

雄性黄蜻成熟以后会变红，**容易与秋赤蜻混淆。**

动物笔记

分类：昆虫纲蜻蜓目蜻科
体长：4.5～5厘米
中国分布：广泛分布于各地
主要栖息地：稻田和池塘等
习性：黄蜻从夏末开始就会成群结队地飞往高地。它们常见于耕地、河岸和运动场等开阔的环境。

黄蜻是一种大规模迁徙的蜻蜓。每年从东南亚的越冬地往北迁徙，迁徙途中路过中国。

去找黄蜻吧！

🌱 黄蜻**多得随处可见**，但是它们**白天一直都在高处飞行**，所以很难仔细观察或捕获。

🌱 在**清晨、傍晚和天气不太好的时候**，可以在它们停下来休息的地方观察。

找一找！

户外比赛的电视直播节目里偶尔会出现它们的身影。因为它们总是一个劲儿地飞，所以很少有人会注意到它们的存在。 ▶

只会仰泳的游泳选手

仰蝽

长长的脚
游泳时把长长的脚当桨来使用。

总是仰泳。

我靠臀部呼吸，所以完全没问题！

从侧面看，它们的脑袋是沉在水中的。

通过吸管状的嘴来吸取猎物的体液。捕捉水生蝽时，**一不留神就可能会被它叮咬**，所以要格外小心！

动物笔记

分类：昆虫纲半翅目仰泳蝽科
体长：1～1.5厘米
中国分布：广泛分布于各地
主要栖息地：稻田和池塘等静止水域
习性：仰蝽为肉食性，会捕捉掉到水面的昆虫等生物，然后用吸管状的嘴叮咬猎物，并吸食体液。它们还能飞行到别的池塘。

其他水生蝽

水黾

分类：水黾科
体长：约1.5厘米（普通水黾）
中国分布：华北各省、台湾、广东、海南等地
生态：能依靠脚上的细毛漂浮在水面上。

田鳖

分类：负蝽科
体长：5～6厘米

中华螳蝎蝽

分类：蝎蝽科
体长：4～5厘米

去找仰蝽吧！

✿仰蝽**常出现在有水黾和捕鱼蛛的稻田里**。记得欣赏它们用像桨一样的长腿轻快游泳的身姿。

找一找

▲ 稻田里的仰蝽（从上往下看）。

"沉重"的爱

坐在背上的**不是幼虫，是雄性成虫**。体长约2.5厘米。

头部
头部为细长的三角形。

后腿
平时是收起来的。

雄性

动物笔记

分类：昆虫纲直翅目锥头蝗科
体长：从头到翅膀末端长约4厘米（雌性）
中国分布：大部分地区
主要栖息地：田埂、田地和草地等
习性：长额负蝗常在草地活动，弹跳力好，不爱飞翔。它们的体色多为绿色，也有茶色的。

好重……

你不让我把任何蝗！给你

我不会

无论从物理上还是情感上来说都很沉重……

交尾结束后，为了不让雌性"离开"，雄性会**一直坐在雌性身上**。

去找长额负蝗吧！

❁ 在田埂上或草丛中行走的时候会发现长额负蝗**跳着逃走**的身影。

❁ 虽然夏季是它们出现的高峰期，但**秋季是它们快速成长的时期**，更容易观察。

❁ 长额负蝗其实**不擅长着陆**。所以在它们着陆的瞬间更容易捕捉。

直翅目动物种类繁多。去找草地里的其他生物吧！

比一比！

中华剑角蝗

▲ 体形比长额负蝗大得多，腿也很长。

螽（zhōng）斯

▲ 肉食性直翅目螽斯科生物。被它咬一口是很疼的。

小翅稻蝗

▲ 像长额负蝗一样经常"背"同类。

枯叶大刀螳

草丛猎手

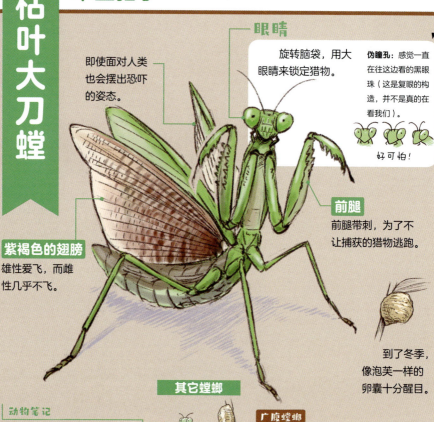

即使面对人类也会摆出恐吓的姿态。

眼睛

旋转脑袋，用大眼睛来锁定猎物。

伪瞳孔：感觉一直在往这边看的黑眼珠（这是复眼的构造，并不是真的在看我们）。

好可怕！

前腿

前腿带刺，为了不让捕获的猎物逃跑。

紫褐色的翅膀

雄性爱飞，而雌性几乎不飞。

到了冬季，像泡芙一样的卵囊十分醒目。

其它螳螂

中国有 100 多种螳螂

动物笔记

分类：昆虫纲螳螂目螳螂科
体长：7～10厘米
中国分布：大部分地区
主要栖息地：草地和林边等
习性：枯叶大刀螳常见于草丛和林边的灌木丛。它们很喜欢打架，甚至会吃其他螳螂，而且就算遇到人类也不示弱。

广腹螳螂

体长：5～7厘米
生活情况：广腹螳螂的肩部和腹部都很宽。它们会在树枝和人造物体上产出卵囊。

棕静螳

体长：3～6厘米
生活情况：棕静螳多为茶色，会在靠近地面的树根和石头上产出细长的卵囊。

去找枯叶大刀螳吧！

找一找

🌱 枯叶大刀螳成虫在夏末秋初体形会变得更大，这时很容易在草地上发现它们。

🌱 螳螂的卵囊种类不同，它们的栖息地也不同。枯叶大刀螳常见于灌木的树枝和芒草茎等处。

正在产卵的枯叶大刀螳。它们会先分泌出能起屏障作用的泡泡，然后在里面产卵。▶

第四章

杂树林和山地
的动物

大林姬鼠

松鸦

大家都把橡果埋在地里,准备过冬呢。

这样就行了……

你居然能记住埋橡果的位置——

哪里哪里,说起这个……

其实我经常会忘记。

我也是。

对,对。

你们……好像不太可靠啊。

被动物埋下后又被遗忘的橡果……

在春天发芽,长成了新的树木。

杂树林和山地动物分布图

在这里也能找到各种各样的动物

造林地

白颊鼯鼠

倒地的树、朽木

蘑菇与昆虫

梅花鹿

山间小道

这里有树木果实和各种各样的野外踪迹。

山中野兽走过的路

在这里很容易发现动物的踪迹，但蜱虫、水蛭等也在这里出没，所以要多加小心。

灌木丛

貉

林冠
（树冠层的总和）

树梢
赤杨卷叶象

彩艳吉丁虫

树洞
各种动物会根据自身情况来使用不同大小的树洞。

落叶下
这里是土壤动物与昆虫等生物过冬的场所。

苍鹰

树液
这里除独角仙与锹形虫以外还有各种各样的昆虫。

黄鼬的粪便

泥坑
这里能发现动物足迹，野猪会在泥坑里打滚。

蛱蝶

枪柄

树铭牌
背面可能趴着壁虎或昆虫。

吃剩的松果像炸虾一样

松鼠 ①

赤腹松鼠

耳朵短

腹部呈茶色

爪
用两爪夹住食物。

腹部
腹部呈白色。

尾巴
尾巴能帮助松鼠在树上保持平衡。但在被敌人抓住时，为了可以迅速逃脱它们也时常选择断尾自保。

动物笔记

分类：哺乳纲啮齿目松鼠科
体长：16~22厘米
主要栖息地：松树林与杂树林等
习性：松鼠喜欢吃松果，所以经常能在松树林中看到它们的身影。它们还以昆虫和小型鸟类的蛋等为食。与花栗鼠不同，松鼠是不冬眠的。

① 属名。

郊外常见的松鼠食痕

统称"炸虾"

松果：松鼠只吃松果间的种子。

核桃：劈成两半后食用。

如果是老鼠，则会先打个洞再吃。

去找松鼠吧！

🌱松鼠很难被发现，但找到它们的踪迹和巢穴却出奇地容易。如果看到地上有松果，就去看看有没有"炸虾"吧！

野外踪迹

食痕

◀ 看起来像炸虾的啮食痕迹。由于大林姬鼠也会制造"炸虾"，所以我们还需要通过松果鳞片打开的方式和周围环境来进一步区分。

中国国家一级保护动物

梅花鹿

夏毛
花纹呈**白色斑点状**，是模仿夏天斑驳树影的保护花纹。

角
只有雄性才有，**一年后就会脱落。**

强健的腿
擅长跑步，弹跳力也很强。

动物笔记

分类：哺乳纲偶蹄目鹿科
体长：110~170厘米
中国分布：东北地区、内蒙古、安徽、江西、湖南、广东、广西等地
主要栖息地：森林及其周边
习性：广泛分布于郊外和深山一带。通常情况下，梅花鹿会分成雄性和雌性两个群体生活。它们以树叶、果实或其他果实为食，入冬后有时也会吃树皮。

禁止入内

虽然体形大但弹跳力惊人。能越过 1.5 米左右的栅栏。

去找梅花鹿吧！

❧梅花鹿**胆子很小**，遇到人类后就会马上扭头逃到树林里。即使是在山地草原等开阔的地方吃草，也只会在**森林周边**活动。

❧冬春交替时，林床植被还很稀少。这时去森林里散步的话，可能会发现它们**掉落的角**。

◀**脚印**
偶蹄目，正如其名，双瓣蹄印极具特点。

副蹄

◀**副蹄**
在柔软的地面上有时会看到副蹄留下的痕迹。

▲**粪便呈草袋状**
和同属偶蹄目的羚羊粪便形状几乎一样。

野外踪迹

猪的祖先

野猪

体毛
体毛有茶褐色与黑褐色之分，存在个体差异。

野猪幼崽

西瓜

野猪幼崽身体表面条纹很像西瓜的纹理，所以被称为"西瓜猪"。

牙齿
野猪会用锋利的獠牙挑起敌人并进行攻击。

动物笔记

分类：哺乳纲偶蹄目猪科
体长：1～1.7米
中国分布：大部分地区
主要栖息地：山区的森林，有时也会出现在农田里
习性：野猪性格胆小，很少在人类面前出现。它们是杂食性动物，喜欢在地上刨坑寻找树木果实、昆虫等食物。

咻

啊

由于野猪会破坏庄稼，所以郊外的农民一直都在和它们"斗智斗勇"。它们会大规模破坏水稻、果树、玉米和薯类等作物。

小心野猪！

如果你在离野猪非常近的地方观察它们，**可能会被冲撞**。所以就算发现了野猪，也最好**停留在远处观察**。

脚印

▲ 和鹿的脚印相似，一般带有副蹄。

水洼

◀ 鹿和野猪挖出来的浅坑，用来在泥浆里洗澡。

可爱却会吃庄稼

兔
①

耳朵
野兔耳朵一般比家兔耳朵**长**。

兔粪：常见于伐木区等开放环境。由于兔粪很干燥，所以看起来不太脏。

从侧面看上去呈略扁平的"包子型"。

狼吞虎咽

虽然它们看起来很可爱，但也会啃食庄稼和树苗，让农民十分头疼。

① 属名。

动物笔记
分类： 哺乳纲兔形目兔科 　**全长：** 40～55厘米
主要栖息地： 森林及周边地区、伐木区等
习性： 比起过于茂密、光线昏暗的森林，兔更喜欢待在明亮的草地上，例如伐木区的草地。近年来由于草地环境逐渐减少，某些种类的兔的数量也随之下降。

去找兔吧！

🐾 兔是**夜行动物，非常胆小**。再加上近年来某些种类的兔的数量减少，所以**很难见到它们**。

🐾 在伐木区等地经常能发现兔的粪便和脚印。两者的特征都很明显，很好辨认。

野外踪迹

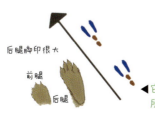

后腿脚印很大
前腿
后腿

它们是按照先前脚再后脚的顺序着地，所以形成了这样的脚印。

身长腿短的猎手

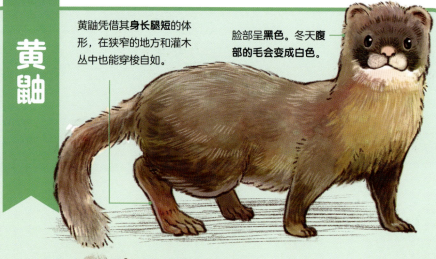

黄鼬

黄鼬凭借其**身长腿短**的体形，在狭窄的地方和灌木丛中也能穿梭自如。

脸部呈**黑色**。冬天腹部的毛会变成白色。

黄鼬喜欢待在水边。

貂

体长：40~55厘米
生态：貂比黄鼬更爱吃草，并且擅长爬树，所以也常吃树木果实。

黄鼬的同类虽然都**身长腿短、视力低下**，但它们会**用后腿站立巡视周围**，对周围环境时刻**保持警惕**。

动物笔记

分类：哺乳纲食肉目黄鼬科　　**体长：**25~37厘米（雄性）
主要栖息地：岸边、杂树林和草地等
习性：黄鼬是杂食性动物，主要吃肉。它们以老鼠、鸟类、青蛙、昆虫、淡水龙虾和鱼类等多种动物为食，尤其喜欢吃老鼠。

去找黄鼬吧！

❁鼬科动物的粪便很常见。黄鼬**警戒心强**，所以我们一般看不到它们。

❁黄鼬喜欢**待在岸边**，在稻田和水渠周围的**泥泞道路中很容易找到它们的脚印**。

鼬科动物的粪便

野外踪迹

◀鼬科动物会在石头上等显眼的地方排便，似乎是在宣称"这是我的领地"。而貂粪中常混有植物种子。

脚印

◀黄鼬有五根脚趾，但通常没有拇趾。它们的脚印比貂的更小。

外表和歌声都很明亮的鸟

黄眉姬鹟 wēng

皮啾哩

眉毛
整洁的黄眉毛。

腰部
鸣叫或展示自我（求爱或恐吓）时，腰部的黄色羽毛会鼓起。

黄眉姬鹟的鸣叫声**轻快而有节奏**，拥有像短笛一般的音质。

啾啾　吱吱

翅膀上有**白色的斑纹**。

有时会模仿其他动物的鸣叫声，例如寒蝉和灰胸竹鸡。

动物笔记
分类：鸟纲雀形目鹟科
全长：约14厘米
中国分布：广泛分布于华北和华南地区
主要栖息地：森林
习性：黄眉姬鹟喜欢栖息在视野较好的地方，在空中捕捉昆虫（称为飞行捕捉），到了秋季还会吃树上的果实。

黄眉姬鹟的伙伴

白腹蓝鹟

体长：约16厘米
习性：白腹蓝鹟的鸣叫声与黄眉姬鹟十分相似，只是节奏稍慢。另一个特别之处是白腹蓝鹟会在尾音中加入"唧唧"的叫声。

去找黄眉姬鹟吧！

☘ **4月下旬至5月上旬**，黄眉姬鹟会从平地来到山地，开始频繁地高歌。

☘ 当你听到"**皮阔哩**""**皮啾哩**"（有多种变化）等轻快的鸣叫声时，就能循声在森林中找到它们。

比一比！

白腹蓝鹟喜欢站在树顶的显眼处啼叫，▶
黄眉姬鹟则通常会在森林中出没。

鸽子羽毛散落一地，罪魁祸首是……

苍鹰

眉毛
又白又厚。

眼睛（虹膜）
呈黄色，有些雄性的虹膜中略带红色。

密密麻麻的细条纹。

动物笔记

分类： 鸟纲隼形目鹰科

全长： 约50厘米（雄性）

中国分布： 广泛分布于各地

主要栖息地： 森林、耕地周围等

习性： 苍鹰常捕食小型鸟，有时候也捕食大型鸟（如鹭）。在村庄附近，原鸽是苍鹰的主食。在人们的印象中，苍鹰是一种罕见的猛禽，事实上它们还是十分常见的。

常见于郊外（尤其是冬季），苍鹰的伙伴们

苍鹰（雌性）

全长： 约60厘米

其他： 飞行时几乎看不到腹部的横格条纹。

雀鹰（雌性）

全长： 约40厘米

其他： 尾羽长，整体轮廓修长。

大嘴乌鸦

日本松雀鹰（雌性）

全长： 约30厘米

其他： 轮廓和苍鹰很像，只是小了一圈。在中国东北地区、河北、内蒙古、长江以南的广大地区和广西、贵州等地都可观测到。

去找苍鹰吧！

🐾 苍鹰以小型鸟为食，所以很容易在小鸟活跃的早晨找到它们。

🐾 不止苍鹰，几乎所有的猛禽一到冬季便会从山地迁往地势低处生活，入冬后就很容易见到它们。

🐾 如果你突然听到乌鸦或小鸟惊慌的叫声，抬头看看可能就会发现苍鹰。

找一找！

苍鹰的幼鸟

◀ 酷爱挑衅的乌鸦简直是猛禽探测器。

苍鹰的食痕

◀ 散落的原鸽羽毛。猫科食肉动物吃原鸽时常会折断它们的羽轴。而鹰科动物为了方便进食，则会拔光它们的羽毛。

银喉长尾山雀

身体轻盈是一大长处

眉毛
又黑又厚。

银喉长尾山雀非常轻。它们会倒挂在树枝上，或者在树枝上"表演杂技"。

尾巴

它们的尾巴像长把勺子的把一样长。

长把勺子

银喉长尾山雀指名亚种
全长：约14厘米
其他：银喉长尾山雀的亚种，即使在对鸟类不太感兴趣的人中也有很高的知名度。

你叫我？

灰喜鹊
分类：鸦科 **全长**：35～40厘米
其他：灰喜鹊是乌鸦的同类，也长着长长的尾巴。

动物笔记

分类：鸟纲雀形目山雀科
全长：约14厘米
中国分布：广泛分布于华北、华中和华南地区
主要栖息地：森林
习性：银喉长尾山雀是一种小型鸟，生活在从平原到山区的森林中。它们的嘴很小，不能吃太大的食物，喜欢啄食昆虫的卵和树液等。

去找银喉长尾山雀吧！

❀ 银喉长尾山雀会发出各种各样的鸣叫声，其中**"啾噜噜——"的声音最有特点**，记住这种声音后，就能更快找到它们了。

❀ **行动敏捷**，就算用双筒望远镜也不容易看到。秋冬时节会成群活动。当雀群起飞时树叶也会掉落，此时很容易找到它们。

找一找！

银喉长尾山雀"糯米团子"

◀ 离巢后不久的幼鸟依偎在树枝上的样子像极了一串糯米团子！开春后，有时还能看到它们在树林里行走的小身影。

小星头啄木鸟

人们熟悉的小啄木鸟

锋利的爪子
倾斜90度以上也能牢牢抓住树干，不会轻易掉落。

喙
像锥子一样锋利又结实。

雄性
后脑勺上有**红色的羽毛**。

脚趾
两根朝前，两根朝后。

尾羽
也能支撑身体。

动物笔记

分类：鸟纲䴕（liè）形目啄木鸟科
全长：约15厘米
中国分布：山东、辽宁、黑龙江、河北等地
主要栖息地：林地
习性：小星头啄木鸟常见于从深山中带有少许绿地的住宅区一带。它们除了会捕捉藏在树丛和树皮缝隙中的昆虫外，到了秋季还会吃树上的果实。中国最小的啄木鸟是白眉棕啄木

郊外其他常见啄木鸟

大斑啄木鸟（雄性）

大型啄木鸟啄出的树洞能够让其他动物休息。

哆啰哆啰哆啰
小星头啄木鸟

塔塔嗒塔嗒嗒 ！！
日本绿啄木鸟

小星头啄木鸟和大型啄木鸟在啄树时，速度和发出的声音、响度都完全不同。

去找小星头啄木鸟吧！

🌿 当听到"唧——"的鸣叫声时去树干附近找找，就很容易找到它们。它们会一边**寻找食物**一边一点点地顺着树干往上爬。

🌿 小星头啄木鸟的警戒心很强，当人们靠近它时，会立刻躲到树后。

找一找！

唧——

当你听到这种像门吱吱作响的叫声时，在树干上找找它们的身影吧。

专栏　各式各样的鸟巢

在鸟类孵蛋和育雏期间，即使你发现了鸟巢，也尽量不要靠近观察或拍照。

因为野生鸟类的警戒心很强，它们会为了逃跑而放弃雏鸟。在落叶后的冬季更容易发现鸟巢，当你在冬季的郊外发现鸟巢时，一定会惊叹："它们居然会在这种地方筑巢啊……"

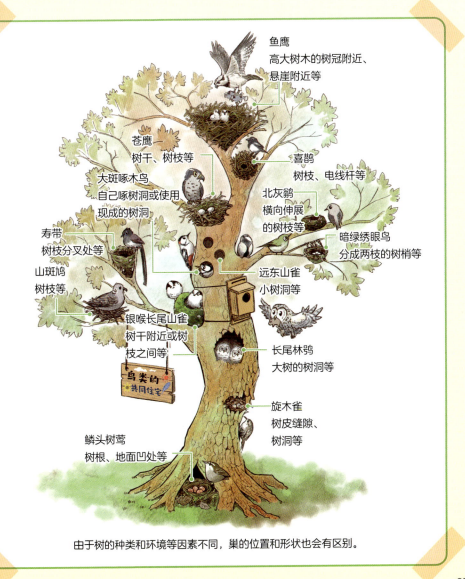

鱼鹰
高大树木的树冠附近、悬崖附近等

苍鹰
树干、树枝等

大斑啄木鸟
自己啄树洞或使用现成的树洞

喜鹊
树枝、电线杆等

北灰鹟
横向伸展的树枝等

暗绿绣眼鸟
分成两枝的树梢等

寿带
树枝分叉处等

山斑鸠
树枝等

远东山雀
小树洞等

银喉长尾山雀
树干附近或树枝之间等

长尾林鸮
大树的树洞等

鸟类的共同住宅

旋木雀
树皮缝隙、树洞等

鳞头树莺
树根、地面凹处等

由于树的种类和环境等因素不同，巢的位置和形状也会有区别。

喜欢爬树的青蛙

森树蛙

体色

森树蛙的体色个体差异性大。有的带有红色斑纹，有的完全无斑纹。

眼睛

颜色偏红。

森树蛙在树上产卵。这可能是为了防止后代被天敌吃掉而习得的特殊技能。

吸盘

动物笔记

分类： 两栖纲无尾目树蛙科
体长： 4～8厘米
主要栖息地： 稻田、森林
习性： 森树蛙平时栖息在森林中，但到了繁殖季节就会来到水边产卵。它们长着发达的吸盘，擅长爬树，平时待在树上，偶尔会去水边。

诞生

我要"下凡"啦！

啊

啊

蛙卵被孵化成蝌蚪后会掉落到水边。 这些蝌蚪经常会被在树下守株待兔的蝾螈或其他青蛙吃掉。

去找森树蛙吧！

- 虽然不同地域在时间上会有差别，但通常情况下，**5月至初夏**的这段时间很容易在**林中稻田**里发现森树蛙的卵。

- 森树蛙基本都是**在半夜产卵**，所以一般很难看到。但如果起个大早，有时也能遇到还在产卵的森树蛙。

- 因为森树蛙总喜欢安安静静地待在**树荫下**。所以白天可以在**蛙卵附近的灌木丛**里寻找它们。

找一找！

森树蛙的蛙卵

森树蛙

◀一动不动的成年蛙。

▲ 因多只森树蛙在上面产卵而下垂的树枝。

美丽的花纹

大紫蛱蝶

雌性的身上没有蓝紫色，**整体呈茶色。**

幼虫

幼虫背部有 4 对凸起。最初是绿色的，**随着冬天临近逐渐变成茶色，然后再次变成绿色。**

动物笔记

分类： 昆虫纲鳞翅目蛱蝶科

前翅长： 5～6厘米

中国分布： 东北地区、浙江、河北、陕西、河南、台湾、山西等地

主要栖息地： 森林

习性： 大紫蛱蝶是郊外具有代表性的蝴蝶，一般栖息在枹栎和麻栎的杂树林中。它们喜欢吸食树液，幼虫则以朴树的叶子为食。

大紫蛱蝶的伙伴们

黑脉蛱蝶

前翅长： 4～5厘米

其他： 黑脉蛱蝶后翅上有红色斑点，春季羽化的个体中也有不带红色斑点的。幼虫背部有 4 对凸起，从前往后数的第三对最大。

拟斑脉蛱蝶

前翅长： 3.5～4.5厘米

其他： 拟斑脉蛱蝶是翅膀带斑点的黑白色蝴蝶。与大紫蛱蝶不同，平时我们更容易在小树林等地方遇到它们。幼虫背部有 3 对凸起。

去找大紫蛱蝶吧！

🐾 朴树是大紫蛱蝶幼虫的食物来源。成虫也常见于朴树周围，它们喜欢吸食树液。

🐾 入冬后，幼虫会跑到朴树根部，在落叶下过冬。

找一找！

朴树

◀ 朴树叶从中间到尖端呈锯齿状。

黑脉蛱蝶的幼虫

▲ 黑脉蛱蝶的幼虫因为长着一张可爱的"猫脸"而大受欢迎。

森林中的宝石

翠灰蝶

中国有 200 多种灰蝶。灰蝶的翅膀外形与蚬（xiǎn）贝的形状相似。

灰蝶

蚬贝

雄性

雄性翠灰蝶**翅膀上的蓝绿色为结构色，会随着视角不同而略有变化**。这些拥有漂亮翅膀的灰蝶小伙伴被统称为**"翠灰蝶族"**。

雌性

雌性翠灰蝶的翅膀因遗传因素而存在**个体差异**，除了有**黑底蓝纹**和**红纹**的品种外，还有一些**纯色**个体。

动物笔记

分类：昆虫纲鳞翅目灰蝶科
前翅长：约 2 厘米
中国分布：吉林等地
主要栖息地：湿地和杂树林等
习性：翠灰蝶多出现在梅雨季节，在幼虫的食物来源——栲（qī）木附近很容易看到它们的身影。它们一般在白天休息，在傍晚进入活跃期。

黄灰蝶

体长：1.6~2.2厘米
其他：黄灰蝶是橙色的，是美丽的翠灰蝶族中的一员，可以在麻栎和枹栎的杂树林周围找到它们。

酢（zuò）浆灰蝶

体长：1~1.6厘米
其他：酢浆灰蝶是最常见的灰蝶，以酢浆草为食。

*不属于翠灰蝶族

去找翠灰蝶吧！

❧ **傍晚是翠灰蝶活跃的时段**，经常能看到雄蝶在空中飞来飞去。到了白天，它们经常**在作为食物来源的树木附近休息**。

❧ 翠灰蝶最喜欢在**梅雨季节**出来活动，而这恰恰是我们不想外出的时节。不过，如果在**雨后放晴时外出**说不定会偶遇它们……

春日里转瞬即逝的生命

日本虎凤蝶喜欢吸食猪牙花的花蜜。**猪牙花在其他花朵尚未开放的早春时节开花**，对日本虎凤蝶来说，猪牙花就像早春的恩惠一般。

毛茸茸的，好像穿了一件外套（在早春时节看起来非常温暖）。

细辛属植物是日本虎凤蝶的主要食物之一。其特征是**叶片呈心形**，在靠近地面的地方开花。

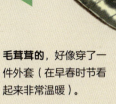

虎凤蝶

前翅长：3~4厘米
中国分布：主要在东北地区
其他：与日本虎凤蝶相似，但分布地区不同。

动物笔记

分类：昆虫纲鳞翅目凤蝶科　　**前翅长**：3~4厘米
主要栖息地：杂树林等
习性：日本虎凤蝶喜欢寄生在自己的食物——细辛属植物上，一般出现在长有猪牙花、堇菜的明亮杂树林里。但近年来这样的环境不断减少，导致它们的生活范围也大大缩小。

去找日本虎凤蝶吧！

❀ 日本虎凤蝶的栖息地非常有限。但只要坚持观察，也许就能有偶遇的那一天……

❀ 蝴蝶爱好者带来的**采集压力**（由于采集蝴蝶人数增加造成的影响）也是问题之一，因此请**不要随便传播关于它们活动地区的信息**。

① 在中国，你可以找到与它们极其相似的虎凤蝶。

寻找"春天的精灵"

在大自然中生活着一些生命周期极短的植物。它们在早春开花，结果后会马上落叶，之后便一直休眠至次年春天。它们就像拥有"火箭式"工作习惯的人：第一个冲进公司，以极快的速度完成工作，之后便悠闲度日……

这些只在短暂的早春时节展现身姿的花朵被称为"早春类短命植物"，也叫作"春天的短暂生命"或"春天的精灵"。

一些昆虫的生命周期与这些植物相似，这些昆虫也被称为"早春类短命生物"。

在乍暖还寒的2月和3月，不妨去山野走走，探寻这些"早春的精灵"吧。

早春类短命植物

▲ 侧金盏花

▲ 菟（tù）葵

▲ 银莲花

▲ 猪牙花

▲ 双瓶梅

▲ 鹅掌草

不可或缺的夏日背景音乐

油蝉

据说因为油蝉"吱啦吱啦……"的鸣叫声类似于煎炸油炸食品时发出的声音，所以被命名为油蝉（也有其他说法）。

翅膀

有茶色斑纹。许多蝉的翅膀是透明的，但油蝉的翅膀不透明。

许多人不太喜欢"蝉炸弹"（指掉落在地的濒死的蝉）。人们常说"蝉腿合上就死了"，并以此来判断蝉是否活着，其实不能一概而论。

我还不想死……
哇
叽叽叽叽
最后的挣扎

蝉炸弹

按种类区分 可以听到蝉鸣的时期[1]

	7月	8月	9月	10月
螽蛄	叽——			
熊蝉	沙瓦沙瓦			
油蝉	吱啦吱啦吱啦			
暮蝉	卡呐卡呐卡呐			
斑透翅蝉	唧——唧			
寒蝉	吱咕吱咕哦西			

动物笔记

螽（huì）蛄的叫声宣布了夏季的到来，进入盛夏后，斑透翅蝉和熊蝉开始鸣叫。而寒蝉的叫声仿佛在宣告夏天的结束。

分类：昆虫纲半翅目蝉科　**体长**：5~6厘米（头部到翅尖长）
中国分布：广泛分布于各地　**主要栖息地**：公园和森林等
习性：油蝉是常见的大型蝉。幼虫会在2~5年内钻出地面（因生长情况会有不同）。幼虫和成虫都靠用吸管状的嘴吸食树汁来维持生命。成虫大约一个多月后就会死亡。

去找油蝉吧！

找一找！

- 我们可以**循着鸣叫声在树干周围寻找**油蝉成虫。雌性油蝉有时也会被雄性油蝉的鸣叫声吸引过来。

- 如果想观察油蝉羽化，建议**先在白天找到幼虫洞穴和蝉蜕的位置，晚上再到该位置的附近寻找。**

- 油蝉羽化前可能会爬到树木的高处。如果想仔细观察它，可以在傍晚小心地把从洞穴里爬出来的幼虫带回家，把它放在**家里的纱窗上**观察。

幼虫钻出的洞穴

从卵中出来的幼虫钻入地里，通过吸食树根的汁液生长。由于油蝉羽化时会从地里钻出来，所以在树根附近会看到许多洞穴。▶

① 仅供参考。地域不同，听到蝉鸣的时期会有区别。

彩艳吉丁虫

被当作装饰物的美丽昆虫

体色
像宝石一样美丽。

动物笔记

分类：昆虫纲鞘翅目吉丁虫科　　**体长**：3~4厘米
主要栖息地：在朴树上或在高处飞行
习性：彩艳吉丁虫是一种美丽的甲虫，绿色的身体上有红色带状条纹。它们的身体能发出金属光泽，这是一种结构色而不是色素，所以把它们做成标本也不会褪色。成虫以阔叶树（朴树、榉树和樱花树等）的叶子为食。

现存奈良的日本国宝——玉虫厨子①上就装饰着吉丁虫的翅膀。

①指带门的置物容器。

吉丁虫的伙伴们

脊吉丁
体长：3~4厘米
其他：以枯树为食。

栎块斑吉丁
体长：0.9~1.3厘米
其他：背部有斑点。

去找彩艳吉丁虫吧！

❀ 彩艳吉丁虫通常**很难捕捉**，因为它**经常停在作为食物的树木顶端**。专业捕虫者会用很长的捕虫网来捕捉它们。

❀ 彩艳吉丁虫通常在朽木上产卵，偶尔会不小心掉在附近的地面上被人们看到。

吉丁虫

◀ 难得出现在地面上的吉丁虫。

独角仙

角

独角仙的**角**很酷，是一种在任何时代都**很受孩子喜爱**的甲虫。

动物笔记

分类：昆虫纲鞘翅目金龟子科
体长：3~5厘米（不包括角）
中国分布：广泛分布于东北至华南地区
主要栖息地：含枹栎和麻栎等树的杂树林
习性：独角仙幼虫生长在充满朽木和枯叶的土壤中。一年后长成蛹，再变为成虫，主要以枹栎和麻栎等树的树液为食。

独角仙

约10厘米（终龄期）

日铜伪阔花金龟

约4厘米（终龄期）

在腐叶土中也能发现其他甲虫。独角仙的幼虫比墨绿彩丽金龟和日铜伪阔花金龟的幼虫大，但它们**外表相似**，因此很容易被认错。

据说，**由于缺乏营养，近年来独角仙的幼虫体形逐渐变小**。人们认为郊外环境的变化（例如不再制造堆肥）是导致这一现象的主要原因。

去找独角仙吧！

🐾 虽然白天也可以找到独角仙，但它们是**夜行性**动物，所以**更常见于晚上或黎明时分**。我们可以在白天先标记好树液的位置，方便在夜间迅速找到它们，也别忘了在夜间行动注意安全。

🐾 你可以在杂树林附近的堆肥场等地的**腐叶土**中找到它们的幼虫。把幼虫饲养长大的过程也很有趣。

找一找！

枹栎树皮

麻栎树皮

▲ 表面凹凸不平的枹栎和麻栎树皮很容易产生树液。

单齿刀锹
qiāo

钳子 — 被称为钳子的部位准确来说是它们**发达的下巴**。雌性的钳子很小。

动物笔记

分类： 昆虫纲鞘翅目锹甲科
体长： 2~5厘米（除大下巴外）
主要栖息地： 含枹栎和麻栎的杂树林
习性： 单齿刀锹有时会在路灯、住宅光源和自动售货机等处聚集。幼虫在朽木中生长，并在1~2年内长成成虫。成虫存活期为3~4年。

生活在郊外的其他锹形虫

深山锹甲

体长： 2~7厘米
其他： 头部两侧突出。

锯锹

体长： 2~7厘米
其他： 小型个体的钳子内侧呈锯齿状。

去找单齿刀锹吧！

🐾 单齿刀锹是**夜行性**动物，寻找的方法和独角仙相似，以**树液为线索**。

🐾 白天，单齿刀锹常常**藏在树皮缝隙或洞穴中**。

爬到树皮上的锹形虫和独角仙

藏在树皮缝隙中的单齿刀锹

找一找！

植物上的神秘泡沫

沫蝉

泡沫
泡沫是避免幼虫缺水和保护它们免受侵害的屏障。

像田鳖一样用**臀部前端呼吸**。

动物笔记

分类：昆虫纲半翅目沫蝉科
体长：约1.1厘米（以白带尖胸沫蝉为例）
中国分布：广泛分布于各地
主要栖息地：森林、草丛等
习性：幼虫附着在植物的茎叶上吸食汁液，排出多余的水分，形成泡沫。成虫不再产生泡沫。

沫蝉的同类

白条象沫蝉
体长：约1厘米
其他：头的前端很尖锐。

白带尖胸沫蝉
体长：约1.1厘米
其他：翅膀上有白色带状物。

鞘圆沫蝉
体长：约0.8厘米
其他：顾名思义，身体是圆的。

去找沫蝉吧！

🔍 找一找!

🌱 春夏时节在林间小路上行走时，可以看到**草和灌木的茎上堆着白色泡沫**。

🌱 你可以拨开泡沫，看看里面有没有沫蝉幼虫。

简而言之，泡沫就是幼虫的"小便"，不过 ▶
成分是草汁，并没有那么脏。

幼虫排出的泡沫

卷树叶能手

赤杨卷叶象

赤杨卷叶象

其他：赤杨卷叶象会把麻栎、枹栎、蒙古栎、栗子树和桤木等树木的树叶卷起来。

在末端封口，**防止卷起的树叶松开。**

打开树叶就能看到藏在里面的虫卵。这片树叶就是幼虫的食物。

动物笔记

分类：昆虫纲鞘翅目卷象科

体长：0.8~0.9 厘米（因品种而异）

主要栖息地：杂树林

习性：赤杨卷叶象是一种会卷起树叶并在里面产卵的昆虫，有两种类型。一种会把卷好的叶子扔掉，另一种不会。

赤杨卷叶象的同类

姬黑卷叶象

体长：0.4~0.5厘米

其他：最常见的象鼻虫。

圆点卷叶象

体长：0.7 厘米

其他：身上有斑纹。虽然它是赤杨卷叶象的同类，但它不会扔掉卷好的树叶。

去找赤杨卷叶象吧！

🐾 新鲜的**树叶摇篮**里有虫卵。干枯变硬的树叶摇篮（幼虫已经出去了）里有幼虫的粪便。

🐾 观察各种卷象科动物和树叶摇篮是非常有趣的。

找一找！

扔掉树叶

▲ 分为会把卷好的树叶扔掉和不会扔掉两种类型。

不扔树叶

▲ 是否把树叶扔掉主要取决于叶片的硬度。

美丽程度不亚于吉丁虫

金绿宽盾蝽长着美丽的**红色条纹**。

金绿宽盾蝽

动物笔记

分类：昆虫纲半翅目盾蝽科
体长：约 2 厘米
中国分布：北京、天津、河北、山东等地
主要栖息地：树林等
习性：金绿宽盾蝽是一种长着红色条纹、发出绿色光泽的蝽，非常美丽。它们以各种阔叶树的树叶和果实汁液为食。到了秋季，成群结队的幼虫会躲在树叶背面。

蝽有很多种类。但真正闻起来很臭的蝽并不多。

臭

棒极啦。

茶翅蝽
体长：约 1.5 厘米
其他：茶翅蝽是散发臭味的代表性种类，也是居民区的常客。

钝肩普绿蝽
体长：1.4~1.7 厘米
其他：它们的特点是能散发出青苹果般的清爽香味。

去找金绿宽盾蝽吧！

🌱**初夏**，金绿宽盾蝽成虫**经常待在树叶或树干上一动不动**，所以能在观察植物时发现它们。

🌱到了**冬季**，你可以在**落叶下或树皮缝隙中**发现 5 龄幼虫。有时会在寻找大紫蛱蝶的幼虫时发现它们。

比一比！

伊锥同蝽
▲伊锥同蝽正在保护自己的卵。许多种蝽都会养育孩子。

金绿宽盾蝽 5 龄幼虫
▲金绿宽盾蝽幼虫在 5 龄期越冬。幼虫看起来和成虫完全不一样。

麻皮蝽
▲别名黄斑椿象。

螃蟹也被称为十足目，共有10只脚（其中2只是钳子）。

方便夹取食物的大钳子。

动物笔记

分类： 软甲纲十足目溪蟹科

甲壳宽： 约2~3厘米

主要栖息地： 森林与溪流等

习性： 汉氏泽蟹是内陆的代表性螃蟹。即使没有浸泡在水中，只要鳃够湿润就能正常呼吸。汉氏泽蟹为杂食性动物，藻类、蚯蚓和动物尸体等都是它们的食物。

蟹脐

蟹脐

啪咔

卵和小螃蟹

这个部分叫作"**蟹脐**"。汉氏泽蟹通过开合蟹脐来携带卵和小螃蟹。

汉氏泽蟹是**杂食性**动物，从不挑食。它们还会吃动物的尸体，在生态系统中也**扮演着清洁工的角色**。

只对活的动物有反应。

……

嚼 嚼

去找汉氏泽蟹吧！

🐾 比起水流湍急的河流，汉氏泽蟹更常见**于山中流水平缓的溪流中**。

🐾 白天它们通常**躲藏在岩石背后**。顺带一提，翻开石头是寻找动物的基本技巧，对其他动物也适用。

找一找！

汉氏泽蟹

◀ 汉氏泽蟹常生活在陆地上，只要鳃部足够湿润就能呼吸。

第五章

郊外生态现状
与如何促进
人与动物和谐共处

编者按：本章提及的生态问题，在中国也有不同程度的体现。读者若感兴趣，可以进一步查阅这些生态问题在中国的情况。

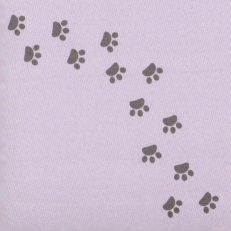

围绕郊外产生的各种问题

有一个传说，开篇是这么写的："在很久很久以前……一位老爷爷去山上砍柴……"这里的用词是"砍柴"而不是"割草"，所以这位老爷爷是去郊外砍伐细长的树枝，或是捡拾掉在地上的木头，然后用这些木头来生火或是拿到集市上卖掉，以此来维持生计。

▲ 砍柴。

现如今，"砍柴"这个词可能对我们的父母来说都有些陌生了。

但在过去，居住在郊外的人们会捡一些细小的木棍当柴火烧，也会砍伐粗壮的树干当木材，或捡拾落叶来当肥料，割草饲养家畜等等……人们从大自然中获取了宝贵的生活物资，**郊外的自然环境也在人类的适度干预下进入良性发展，维持在稳定的状态。**

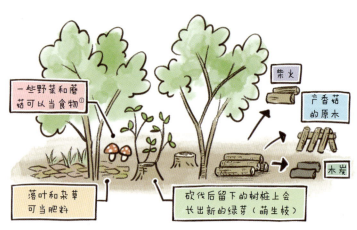

▲ 郊外各种各样的自然资源。

但是在现代社会，由于进口廉价木材和化石燃料的普及，以及农林业人手不足等问题的出现，**人们对身边自然资源的依赖程度不断降低，郊外的自然环境也因此产生了变化。**

① 野菜和蘑菇是否有毒很难辨别，如非特殊情况，请去正规市场购买并食用，最好不要自行采摘和食用。

除此之外，现在的郊外与过去相比已经发生了天翻地覆的变化，各种问题层出不穷：农村人口老龄化、生产力低下、农耕面积缩减、各种各样的开发行为、外来物种增加……

▲郊外的变化。

诸如此类的变化还带来了各种各样的问题。本章中将会做详细介绍。

郊外濒危物种

许多濒危物种都生活在郊外。人类活动的减少是造成郊外生态荒废的主要原因。比如，随着农村人口外流和老龄化加剧，农田大量荒废，蛙类失去了产卵的场所。由于蛙类不断减少，以蛙类为食的灰脸鵟鹰等猛禽也越来越少。

● **郊外濒危物种举例**

◀ **青鳉鱼（第62页）**
过去是在农田和小溪随处可见的小鱼，如今因为农场改造，数量急剧减少。

◀ **灰脸鵟鹰（第52页）**
郊外之鹰。常栖息在杂树林与水田相接的河谷平原中，多以青蛙为食。

◀ **山褐蛙（第57页）**
平时生活在树林中，产卵期出现在水田、水塘里。

◀ **大紫蛱蝶（第89页）**
由于分泌大量树液的杂树林面积不断缩小，数量也逐渐减少。

● 荒废的水田

随着陆地化的推进，水田杂草丛生，生态环境发生了翻天覆地的变化。虽然喜爱草地或灌木环境的动物增加了，但是生活在水边的动物却在逐渐减少，捕食它们的动物也销声匿迹了。

过去

青蛙、鱼类、水生昆虫等的栖息地。以它们为食的老鹰、蛇等捕食者也经常在此出没。

● 荒废的杂树林

现在

杂树林缺少人类干预，树木肆意生长，密度和高度都不断增加，导致阳光无法照射到地面，杂树林变成了阴森灰暗的树林。树林里长满竹子，侵占了其他植物的生长空间，地表植物逐渐变得单调。喜欢灌木丛的生物可能会增加，但是树林整体的生物多样性在不断降低。地表被竹子覆盖后，人类也很难进入树林，人类干预的难度增加，陷入恶性循环。

过去

杂树林受到人类的适度干预，阳光透过杂树林照射到地面，地上开满了堇菜、猪牙花等鲜花。在人类的适度干预下，树木会很容易产出树液，独角仙、蝴蝶等昆虫都会来觅食。

此外，外来物种入侵和人类的过度开发、农田过度改造等问题都是导致郊外动物濒临灭绝的原因，接下来将就以上内容进行详细介绍。

闯入村庄的动物

▲ 出现在村庄里的熊

● 隔三岔五出现的"熊出没"报道

生活在深山老林中的野熊，基本上不会出现在人类居住的村庄里。但最近，我们总能在报纸、电视上看到很多关于"野熊闯入村庄"的报道。

出现在村庄的野熊糟蹋庄稼、破坏养蜂场，甚至攻击人类，是极危险的动物。人类有时不得不击毙它们以自保。所以，如何防止野熊误入村庄，如何避免野熊与人发生冲突等，都是我们必须考虑和解决的问题。

● 熊的习性

熊是一种十分胆小的动物。如果多人结伴、有说有笑地走在森林里，或是带着驱熊铃的话，它们看到便会转身逃跑，因此我们遇到熊的概率是很小的。

▲ 亚洲黑熊
　体长约 1.1～1.5 米，胸前有白色月牙状的毛发，因此也称月牙熊（也存在胸前无白色月牙状毛发的品种）。

▲ 日本棕熊
　体长约 1.3～2 米，体形远大于亚洲黑熊，危险性极高。

那么，为什么野熊会出现在村庄里呢？笔者认为有以下几点原因。

原因1　郊外环境变化后，野熊能够直达村庄

野熊原本是生活在深山里的动物。郊外作为人类与野生动物的屏障，保证了双方的生活互不干扰，因此野熊一般无法闯入村庄。但随着人类不再对郊外环境进行干预，荒凉的郊外就变成了野熊直达村庄的安全通道。

原因2　山上的果实减少，导致野熊缺少食物

秋天对于野熊来说是冬眠前"囤粮"的重要时期。作为它们食物来源之一的橡果每年结果的情况不同，时多时少。许多学者认为，当橡果产量少时，野熊会闯入村庄寻找食物。

原因3　村庄里有许多美味佳肴

即使是橡果高产的年份也时常有"熊出没"事件发生。这是因为村庄里的农作物、果树以及人类吃剩的食物残渣都是令野熊"魂牵梦萦的美味"。野熊也不想每天都吃橡果，偶尔也想饱餐一顿美食。其实，只要吃过一次村庄里的美味佳肴，野熊就会时常光顾。

编者按：在日本，持有狩猎证可以打猎。因为日本当地的鹿和野猪数量过多，日本政府甚至鼓励大家考取狩猎证并在特定区域狩猎。但在中国，狩猎野生动物的行为是违法的。

原因4　人类不再狩猎

野生动物不再是人类狩猎的对象，导致动物不再惧怕人类。

水田与动物的关系

水田是**郊外极具代表性的水边环境**，是鱼类、两栖动物及以它们为食的鸟类等**的重要栖息场所**。水田水位浅、水体流动性小，在阳光照射下水温上升快，环境相对稳定，因此成了**青鳉鱼、鲫鱼等鱼的绝佳产卵地**。而当水田涨水时，原本生活在杂树林里的林蛙也会前来产卵。对于这些动物来说，水田就是"**生命的摇篮**"。

	1月	2月	3月	4月	5月	6月	7月	8月	9月	10月	11月	12月
水稻种植				灌水，插秧		抽穗，晒田		断水，收割		晒谷，脱粒		
生物栖息	林蛙产卵			青鳉鱼、兰氏鲫等回溯产卵				秋赤蜻从山间回归		大雁、天鹅等南迁		

▲ 水田耕作周期与动物活动周期举例
不同地区的耕作时间会存在差异

近年来，为追求经济效益和生产效率，人们大肆改造农田，但这样却破坏了动物原来的生存环境。

农田改造前　　　　农田改造后

农田改造：在劳动力不足的情况下，通过重新规划水田、修筑水渠等方法来提高生产效率，达到改良农田的效果。

▲ 改造前后的农田　改造后，鱼类无法在水田与水渠间自由通行。

当今社会，人口老龄化严重、农村人口减少等问题**迫使农业生产必须提高效率**。尽管如此，**如果我们稍做改变，就能为栖息在此的动物提供一个良好的生存环境**，实现人类与动物的和谐共处。

● 为动物提供良好生活环境的水田

▲ 鱼道

鱼道是能让鱼在水田和水渠间自由穿行的通道。图示的鱼道为阶梯式设计，能够让鱼在穿行过程中边爬坡边休息。

▲ 斜坡

为了让不慎跌入水渠的青蛙和蜥蜴等小动物能够自救而设置的阶梯式斜坡。

▲ 鱼溜

水田排水后能成为鱼暂时休息的场所。

▲为动物提供良好生活环境的护岸设施。

虽然水渠旁加设了护岸，但水渠底保持原始状态，因此当泥沙、小石块沉积时，水渠底就成了贝类和水草等生活的场所。同时，水湾也为鱼提供了休息场所。

外来物种

什么是外来物种?

最近,外来物种引发的事件逐渐走入人们的视野。在郊外,外来物种入侵已经成了重大问题。

外来物种指的是那些并非生活在本地,而是在人为干预下被带到当地生态系统里的生物。

外来物种通过各种各样的途径来到当地。除了那些原本作为宠物被带回后又被主人遗弃的生物外,还有些生物是掺杂在货物中被无意间带入的。有的外来种子甚至是卡在人们的鞋底被带入的,然后在全新的环境里生根发芽。

红火蚁 刺入

为了保护自己而攻击人类

黑鲈 黑鲈来啦! 我开动了

吞食当地的生物

与当地生物杂交

偷吃农作物

▲ 外来物种引起的各种问题。

防止所有外来物种的进入是一件极其困难的事情。其实,许多外来物种都会因为不适应新环境而灭绝,但也有些物种能充分适应新环境,不断繁衍,最终导致各种各样的生态问题。

引进、饲养外来物种都会破坏本地生态平衡,因此,我们有必要了解几个极具代表性的外来物种。

应对外来物种三原则：**不引进、不丢弃、不扩散**

外来物种虽然受人嫌弃，但它们也是受人类活动的影响才被动迁移到新环境的。也有不少人认为，虽然是为了保护生态环境，但我们也不该滥杀外来物种。因此，为了控制外来物种入侵带来的不良影响，减少问题的发生，我们可以参考以下三原则。

应对外来物种三原则

1.不引进 不将外来物种从原产地"引进"到其他地区

不引进是最关键的一环！没有引进就能减少隐患。

2.不丢弃 不丢弃、放生正在饲养的外来物种

遗弃外来物种可不是"行善积德"的行为。陪伴宠物过完它们的一生是每个饲主应尽的义务。

3.不扩散 不将已存在的外来物种扩散到其他地区

我们应极力避免已经在新环境"安家"的外来物种扩大生长范围。虽然原则上可以根除刚刚入境的外来物种，但随着时间推移根除工作的难度也会增加。

在捕捉、领养、饲养野生动物时，我们应当确认它们是否为外来物种。如果是外来物种，请及时通报有关部门。

让我们一起来了解几个极具代表性的郊外外来物种吧。

牛蛙　作为食用动物被引进。

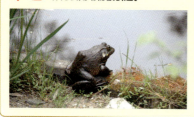

分类：两栖纲无尾目蛙科　　　原产地：北美洲
入侵原因：作为食用动物被引进。
影响：捕食包括蛙类在内的当地原有生物、与其他蛙类竞争等。

小龙虾　作为"人类食物的食物"被引进。

分类：甲壳纲十足目螯虾科　　　原产地：北美洲
入侵原因：作为牛蛙的食物被一同引进。
影响：以当地水域内的植物和当地原有生物为食、与当地原有生物竞争等。

浣熊　现实中的它们并不像动画片中的那样可爱。

分类：哺乳纲食肉目浣熊科　　　原产地：北美洲
入侵原因：日本最早的野生浣熊是从动物园逃跑的，之后受动画片的影响，饲养浣熊的人越来越多。但由于它们个性狂暴、不易饲养，又不断被放回野外。
影响：影响范围很广，比如与当地原有物种（貉）竞争、捕食当地原有生物、糟蹋农作物、破坏文化遗产等。

大口黑鲈与小口黑鲈　巨口、杂食。

分类：硬骨鱼纲鲈形目太阳鱼科　　　原产地：北美洲
入侵原因：这两种鱼类统称为黑鲈。作为垂钓、食用动物被引进。
影响：与当地原有生物竞争、捕食当地水域的原有生物，有时也会捕食靠近水面的鸟类。

剑叶金鸡菊 酷似大波斯菊，外形美观，难以发现其外来物种的身份。

分类：桔梗目菊花科　　　　原产地：北美洲
入侵原因：作为观赏、绿化植物被引进。
影响：与当地植物竞争等。

密西西比红耳龟 虽然是非常常见的乌龟，但它们是外来物种。

分类：爬行纲龟鳖目龟科　　　原产地：北美洲
入侵原因：作为宠物被引进，被饲主遗弃、随意放生。
影响：捕食当地水域原有生物、与当地水域原有生物竞争，
破坏莲属植物、莼（chún）菜等农作物等。

大藻（piáo） 形似莴苣、漂浮在水面的水草。

分类：天南星目天南星科　　　原产地：南美洲
入侵原因：作为观赏植物被引进。
影响：与本地水生植物竞争、污染水质、降低水中氧气含
量等。

福寿螺 不可思议的亮红色卵。

分类：腹足纲中腹足目瓶螺科　　　原产地：南美洲
原因：作为食品、农副业物种被引进。
影响：福寿螺虽然能清理水田中的杂草，但也会啃食稻谷。
除此之外，它们还会糟蹋莲属植物、野芋、灯芯草等农作物。

过度开发，导致动物栖息地破碎化或消失

自古以来，人类为了追求更富足的生活不断开发大自然，郊外在成为人类的居住地后，更是成为被不断开发的对象。这些开发活动给大自然带来了以下影响。

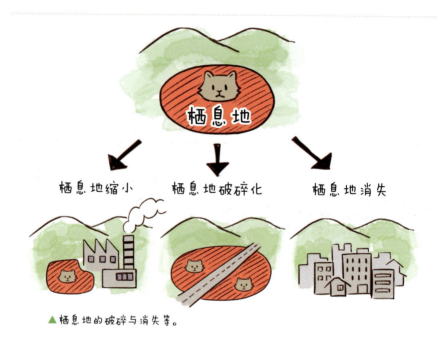

▲ 栖息地的破碎与消失等。

人类也是动物，**依靠地球上的资源才能生存**，所以才会不断开发郊外的自然资源。当有不可避免的开发活动发生时，人类应当尽最大努力减轻开发活动对自然产生的不良影响并进行补救。那么，人类能够为野生动物做些什么具体的事情呢？

生态道路

　　为避免野生动物遭遇"路杀[1]"，可以采取在公路两旁加设护栏、修建可供野生动物通行的通道等措施。

[1] 野生动物因交通事故而死。

野生动物的"过街天桥"，供树栖动物使用。

野生动物的"地下通道"供大、中型哺乳动物以及乌龟、青蛙等小型动物使用。

▲野生动物过道。

人工群落生境

　　人工群落生境是对受损自然环境的一种补救措施。大多数人工群落生境都在水边，但这并不是必要条件。

　　初期阶段，人工群落生境几乎都是人造自然环境。之后外来物种也会到访，因此必须进行除草、驱除外来物种等日常维护才行。

人工群落生境

▲人工群落生境。

过量繁殖的野生动物——鹿和野猪

⛰ 鹿和野猪的数量如今在不断增长?

　　与濒危物种问题相反,如今<mark>某些野生动物过量繁殖也成了大问题</mark>,其中最让人头疼的就是鹿,数量激增的野猪也备受关注。那么为什么鹿和野猪的增长速度会如此之快呢?

　　虽然具体原因尚未明确,但有一种说法:由于人类踏足郊外的次数越来越少,这些动物得以<mark>在郊外以及村落附近扩大自己的生活范围</mark>。同时,<mark>狩猎者减少、全球气候变暖后动物冻死的数量减少</mark>等因素也有利于鹿和野猪数量的增长。

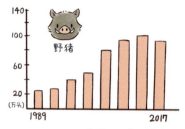

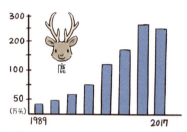

在日本,鹿和野猪的个体数量在数十年间激增。

⛰ 过量繁殖带来了哪些问题?

　　鹿喜欢吃尚未成熟的树木枝叶。如果数量不多则并无大碍,但如今鹿的数量激增,我们不得不担心<mark>生长在林床(枯枝落叶层)的植物都会被它们啃食殆尽</mark>,只剩下那些鹿不喜欢的植物以及生长在高处、它们吃不到的植物。植物被啃食后,以这些植物为食的昆虫也将灭绝,<mark>生态系统的结构逐渐单一化</mark>。更糟糕的是,鹿也会吃树皮,这可能会<mark>导致树木没有皮而枯死</mark>。

　　野猪是<mark>祸害农作物的代表性动物</mark>,臭名昭著。人类自进入农耕时代以来就一直和野猪斗智斗勇。但近年来野猪数量暴增,现有措施已经无法抵御它们了。野猪出现在繁华街区的新闻报道也不绝于耳。野猪生性胆小,可是<mark>一旦兴奋便会昂头露出獠牙撞击人类</mark>,因此需要格外小心它们。

啃食枯枝落叶层的植物

糟蹋农作物

我们应该怎么办？

　　正如上文介绍的那样，某些野生动物过量繁殖的问题日益严峻。那么，我们还能做些什么呢？其实，人们为了避免这些野生动物带来的损害已经采取了很多措施，如加设围栏、给树围上保护网、吓唬并驱赶野生动物等。

避免损害的措施举例

● 给树围上保护网

　　人们用保护网围住树干来防止鹿啃食、剐蹭树皮。给所有的树都围上保护网是项大工程，所以人们会留下树皮已经受损的树来引诱鹿。

● 加设围栏保护农作物

　　在农作物旁筑起电篱，野生动物一碰就会被电击。人类不小心碰到也会触电，所以如果在郊外看到这类围栏，一定要避开。

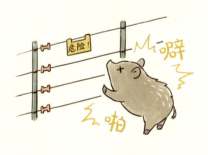

　　其实，只有减少过量繁殖的野生动物的数量才能从根本上解决这些问题。我们==应当有计划地去减少它们的数量==，而不是大肆捕捉。

我们能做的事情

近年来，"郊外"成为热词，**郊外的现状，即人口减少、老龄化、濒危物种增加、野生动物危害农作物等问题也受到了广泛关注**。了解了郊外的生态现状后，大家都在思考**"我们能够为郊外做些什么"**。

你可以去**体验农业生活**。在日常生活中，**多吃当地生产的农作物**就能够为保护郊外的农耕用地贡献出自己的一分力量。

为了进一步了解郊外，你也可以去**参加一些自然观察活动**。在每个地区都会有各种各样的事业单位、社会组织和社会团体来组织这些活动。而且大多数**自然观察活动**的参加费并不昂贵，无论男女老少都可以参与。在参加过一段时间的自然观察活动后，你就能慢慢掌握自然观察的方法，成为"资深人士"。不久后，你的朋友可能也会来参加活动，不知不觉间你就成为自然观察活动小队的队长了。

如果你还没有去过郊外，不妨卸下思想包袱先**去郊外玩一次吧**。捉虫子、拍摄虫子的照片、观察鸟类、捞鱼虾、远足等，郊外有这么多好玩的事情可以做呢！

你心动了吗？

后记

感谢您的阅读！

本书的主题虽然是郊外常见动物，但是书中提到的仅仅是郊外常见动物中的一小部分。如果您经常去郊外，建议您携带一本野外专用图鉴，不用太大，刚好能够装进口袋就可以了。虽然现在电子版图鉴越来越多，但是只靠一部手机是很难走遍郊外的。

如果想出门观察动物，郊外一定是首要的推荐地点，无论是新手还是资深观察者，都可以在这里尽情享受观察的乐趣。虽然深山是原生态自然区，罕见生物的数量多于郊外，但大多数地方没有道路，行走不便。而且深山中的野生动物戒备心都很强，一般不会轻易靠近人类，所以观察者很可能会"无功而返"。笔者因工作原因经常做鸟类调研，个人感觉在郊外看到的鸟种类比深山要多得多（当然存在地域差异）。这大概是由于郊外环境多变，多样环境如同马赛克一般混杂分布的缘故。

最后，笔者作为一名生物学者还有很多不成熟的地方。在这个领域中，还有许许多多比我更为博学、更有经验的前辈。笔者虽然顺利完成了本书，但仍有很多需要学习的地方。值此成书之际，谨对编者五箇先生致以深深的谢意，没有先生的帮助，就没有本书的顺利完成。

今后，笔者也会不遗余力地继续野外调研工作，并将其视为自己一生的使命。同时也期待能有一天在野外遇到亲爱的读者朋友们。

再次感谢大家的陪伴。

[日]一日一种

索引

121

TANKEN! SATOYAMA IKIMONO ZUKAN

©Ichinichi Isshu, Goka Koichi 2020

Originally published in Japan in 2020 by PARCO CO,.LTD

Chinese translation rights arranged through TOHAN CORPORATION, TOKYO.

本书中文简体字翻译版由广州天闻角川动漫有限公司出品并由湖南少年儿童出版社出版。

未经出版者预先书面许可，不得以任何方式复制或抄袭本书的任何部分。

图书在版编目（CIP）数据

探索身边的大自然：郊外常见动物图鉴 /（日）一日一种著；（日）五箇公一主编；潘郁灵，王嘉悦译.—长沙：湖南少年儿童出版社，2023.7

ISBN 978-7-5562-6927-3

Ⅰ.①探… Ⅱ.①一…②五…③潘…④王… Ⅲ.①动物–图集 Ⅳ.①Q95-64

中国国家版本馆CIP数据核字(2023)第020812号

TANSUO SHENBIAN DE DAZIRAN: JIAOWAI CHANGJIAN DONGWU TUJIAN

探索身边的大自然：郊外常见动物图鉴

［日］一日一种 著 ［日］五箇公一 主编 潘郁灵，王嘉悦 译

责任编辑：罗柳娟	策划出品： 小天角
特约编辑：易 莎 向沅沅 柯丹雯	特约审校：袁 月
装帧设计：李小英	

出 版 人：刘星保

出　　版：湖南少年儿童出版社
地　　址：湖南省长沙市晚报大道89号
邮　　编：410016　　　　　　　　　　　电　　话：0731-82196320
常年法律顾问：湖南崇民律师事务所 柳成柱律师　经　　销：新华书店
字　　数：20千　　　　　　　　　　　　印　　刷：湖南天闻新华印务有限公司
开　　本：889mm×1250mm 1/32　　　　印　　张：4.0625
版　　次：2023年7月第1版　　　　　　　印　　次：2023年7月第1次印刷
书　　号：978-7-5562-6927-3　　　　　定　　价：48.00元